格致方法·商科研究方法译丛

# 定性数据的数字收集方法

## COLLECTING QUALITATIVE DATA USING DIGITAL METHODS

### *for* BUSINESS *and* MANAGEMENT STUDENTS

REBECCA WHITING
KATRINA PRITCHARD

[英]丽贝卡·怀廷　卡特里娜·普里查德 著
侯旻　张雪 译

格致出版社　上海人民出版社

# 编辑寄语

欢迎学习商科研究方法。近年来,攻读商科硕士专业学位的学生日益增多。在攻读学位的最后阶段,研究生都要花费 3—4 个月的时间来撰写论文。对于大多数学生来讲,撰写论文都是在课程结束之后,这与课程是完全不同的。每个研究生都由导师来指导论文撰写或进行课题研究,研究生需要详细了解自己使用的研究方法。开始撰写论文或开始课题研究之前,研究生们通常都会接受一些研究方法的训练以完成论文或课题。如果你就是正在撰写论文的研究生,那么你不会孤军奋战,我们向你提供了一套书来帮助你。这套丛书的每本书都就某一具体的方法提供了详细的信息以帮助你的论文撰写。我们理解什么是硕士学位论文所需要的研究方法,也理解什么研究方法是硕士研究生所需要的,从而帮助你在撰写论文的时候能够出色地完成任务,这正是商科研究方法系列丛书的编写目的。

该丛书中的每一本都旨在对数据收集或数据分析方法提供足够的知识,当你进行到研究过程的每个具体阶段的时候,你都可以找到一本与其相应的方法介绍,如数据收集或数据分析。每一本都邀请了业界权威的学者来编写,他们都在研究方法的教学与写作方面具有丰富的经验,因此他们的作品清晰易读。为了让学生在学习丛书中的每一本的时候都能够迅速找到自己需要的内容,丛书使用了标准的格式,即每本书均由 6 章构成:

- 第 1 章:导言,介绍方法的目的和本书纲要;
- 第 2 章:研究方法的哲学假定;
- 第 3 章:研究方法的组成部分;
- 第 4 章:将不同的组成部分组织起来以使用该研究方法;
- 第 5 章:提供研究中使用该种研究方法的例子;
- 第 6 章:结论,该种研究方法的优点与缺点。

我们希望阅读本书对你撰写论文有所帮助。

比尔·李、马克·N.K.桑德斯和 V.K.纳拉亚南

# 丛书编辑简介

**比尔·李(Bill Lee)**，博士，英国谢菲尔德大学会计学教授、会计与金融系负责人。他在研究方法和研究实践领域具有多年的经验，另外，他的研究方向也包括会计和会计准则。比尔的研究兴趣广泛，成果多发表在 *Accounting Forum*、*British Accounting Review*、*Critical Perspectives on Accounting*、*Management Accounting Research*、*Omega* 和 *Work, Employment & Society* 等期刊。他的关于研究方法和研究实践的科研成果发表在 *The Real Life Guide to Accounting Research* 及 *Challenges and Controversies in Management Research* 中。

**马克·N.K.桑德斯(Mark N.K.Saunders)**，博士，英国伯明翰大学商学院商科研究方法教授。他的研究兴趣是研究方法，特别是关于内部组织关系、人力资源管理方面的变革(尤其是组织内和组织间的信任)和中小企业的研究方法。马克在很多学术期刊上发表过文章，如 *Journal of Small Business Management*、*Field Methods*、*Human Relations*、*Management Learning* 和 *Social Science and Medicine*。同时，他也是一些专著的合著者和合作编辑，如 *Research Methods for Business Students*(目前已经是第6版)和 *Handbook of Research Methods on Trust*。

**V.K.纳拉亚南(V.K.Narayanan)**，美国宾夕法尼亚州费城德雷塞尔大学商学院副院长(分管研究)、卓越研究中心主任、战略和创业学教授。他先后在一些顶尖专业期刊发表文章,如 *Academy of Management Journal*、*Academy of Management Review*、*Accounting Organizations and Society*、*Journal of Applied Psychology*、*Journal of Management*、*Journal of Management Studies*、*Management Information Systems Quarterly*、*R&D Management*,以及 *Strategic Management Journal*。纳拉亚南在印度马德拉斯的印度理工学院获得机械工程学士学位,在艾哈迈达巴德印度管理学院获得工商管理硕士学位,在美国宾夕法尼亚州的匹兹堡大学商学院获得商科博士学位。

# 鸣　谢

本书的创作缘起于近十年前我们共同开始的“职场年龄项目”（the Age at Work Project）。那时候我们都在伦敦大学伯克贝克学院工作。该项目的顺利进行得益于卡特里娜得到了理查德·本杰明信托基金会（the Richard Benjamin Trust）的资助。后来，我们还得到了伯克贝克商学院、经济学院和信息学院的后续资助。

本书的方法论证过程得到了很多优秀同事和合作者的启发与支持，我们由衷地表示感谢。他们是：克里斯·卡特（Chris Carter）博士、莎拉格·洛泽（Sarah Glozer）博士、克里斯·海因（Chris Hine）教授、凯特·麦肯齐·戴维（Kate Mackenzie-Davey）博士、麦琪·米勒（Maggie Miller）博士、卡兰·瑞德（Cara Reed）博士、加布里埃尔·塞缪尔（Gabrielle Samuel）博士、吉莉安·西蒙（Gillian Symon）教授。

同时我们还要感谢不断挑战和质疑方法论问题的博士生们，他们是：克里斯廷（Christine）、海伦 C（Helen C）、葆拉（Paula）、罗杰（Roger）、海伦 W（Helen W）和萨曼莎（Samantha）。

谨以此书献给比尔（Bill）、杰斯（Jess）、查尔斯（Charles）和亚当（Adam）。深切怀念一直认真思考的萨迪（Sadie）、萝拉（Lola）和弗雷迪（Freddie）。

最后，也把本书献给劳尔（Raúl），并向他表示衷心感谢，感谢他对我们的支持和鼓励，以及对所有学术和其他问题的建议。

# 目　录

# 1 导 言

数字方法(digital methods)已经成为定性研究越来越重要的工具。当谈到使用数字方法收集定性数据时,我们所指的数字方法是伴随当代通信技术的到来所引致的商业和管理研究中相对新型的技术。与访谈相同(Cassell, 2015),数字方法可以应用于不同研究范式中广泛主题的调研,并产生可以使用各种方法进行分析的数据。然而,尽管访谈是一种完善的数据收集方法,但是这些技术支持的方法在处理"它们是什么""何时"以及"何地"可以使用,以及"如何实施"方面还远远不够成熟。因此,学生以及指导他们研究项目或处理学术伦理的学术人员,可能不太熟悉数字方法。尽管这些方法可能涉及使用一些相同的专有工具,例如,在我们的日常生活中使用特定的互联网浏览器,但重要的是在获取有关某个主题的信息时,需要将这些方法与更为普遍、更令人熟悉的网页浏览活动区分开来。使用数字方法收集定性的互联网数据是一种系统技术,它涉及与许多其他研究方法相同的步骤,其目的是产生数据,再通过分析可以用于解释和解决研究问题。

因此,本书的目的是提供一个可供使用的指南,通过特定的数字方法(使用和研究基于网络的活动与情境)进行定性数据的收集,以作为管理、组织或商业类硕士研究项目的一部分。交替使用这些领域的术语反映了我们自己的学术背景和职业背景。在这本书中,我们介绍并解释了被我们命名为"跟踪"(tracking)和"追踪"(trawling)的两种相关方法。这本书阐述了使用这些方法的基本哲学假设(philosophical assumptions),并讨论了它们的关键组成部分以及如何组织它们以使用这些方法。我们提供了使用该方法的已发表研究作为案例。本书总结并展现了跟踪和追踪这两种方法的优势和劣势,以及一些为数据分析作准备的技巧和进一步阅读的建议。全书的重点是将这些方法应用到具有相对小规模、有时限要求、以硕士研究项目为特征的研究中,以及如何管理这些方法使它们的使用能够产生可分析的结果。

本章将探讨以下主题:

- 相关发展脉络的互联网研究简史;
- 互联网定性数据的类型;
- 互联网研究的自反性(reflexivity);
- 跟踪和追踪方法,以及它们如何被应用和调整;
- 本书使用建议、结构和方法使用假设。

## 1.1 互联网研究简史

自20世纪80年代末和90年代初,互联网作为计算机网络的全球系统问世以来(Cohen-Almagor, 2011),当代生活的许多方面都发生了变化。在商业和管理的相关领域中,很难说出一个不受互联网影响的主题或实践。商业和组织活动将互联网作为一种日常工具进行使用,它明显改变了工作实践活动并且引入了新方法。这使得互联网成为新现象的发生地和源头。管理学者们感兴趣的问题不再仅仅发生于物理工作场所。就研究什么和如何研究而言,这既带来了挑战,也带来了机遇,因为我们认识到"研究不仅仅局限于互联网本身,还是关于它、通过它以及在其中架构的研究"的潜力(Hine, 2005:205)。这里涉及的挑战包括调整互联网研究伦理规范和设计可实现的互联网研究。然而,即使在这种情况下,在几乎所有感兴趣的话题中,互联网也为接触到各种人群、讨论和其他材料提供了相当大的机会(Hine, 2012)。事实上,互联网已被描述为"代表世界和人们的观点、关心和需求最全面的书面材料电子档案"(Eysenbach and Till, 2001:1103)。

然而,关于研究方面,值得我们停下来考虑一下的是,支撑这些机遇和挑战的互联网的特殊特征。最初设想的互联网是一个开放且不受管制的空间,不单是一个地址。即使是可公开访问的,它也包含了用户所认为的私人空间(Whiting and Pritchard, 2017)。它超越了国家和语言上的边界,并且受不同国家的各种政策、法律和治理的约束(Palfrey, 2010)。但是,就人类行为而言,互联网仍然保留着某种蛮荒西部的特征,例如,恶意攻击(在社交媒体上提供针对个人的有争议的、煽动性的和偏离主题的信息)和恶意软件。使用数字方法的人们可能会在某个阶段遇到这些危险(第 4 章简要介绍了我们与恶意软件的接触)。因此,伦理考察必须检查对潜在参与者和研究人员的伤害风险,他们的数字足迹很可能使自己成为这些活动的目标。

最后，通过每年收集数百万网站数据资料的建档（如 WayBack Machine）和提案［如英国网络档案（UKWA）］，让互联网材料的多模式（multi-modal）、动态性和暂时性特征所造成的问题（研究中的一个特殊挑战）因试图捕获和稳定其内容而得到解决。我们将在数字方法讨论的不同阶段再转过来谈及这些互联网特征。

早期的社会科学数字研究开始于试验性阶段，但很快就融入各种在线和基于互联网的方法（Fielding et al., 2008），涵盖了"广泛的活动"（British Psychological Society, 2007：1）和广泛的研究方向。这个阶段通常涉及（相对）直接地将现有方法转移到互联网上去（Hine, 2013）。因此，纸质调查变成了在线或电子邮件调查（Bachmann and Elfrink, 1996）；通过电子邮件、Skype（Janghorban et al., 2014）或即时消息（Hinchcliffe and Gavin, 2009）进行面对面访谈；网络民族志（internet ethnography）* 将参与者观察的概念应用于聊天室社区和其他在线空间（Kozinets, 2010）。这促使参与者对这些方法的可接受性进行检验（Thompson et al., 2003），与传统的数据收集方法进行比较［例如，Yun 和 Trumbo（2000）的调查方法审查］，并评估其有效性（Simsek and Veiga, 2001）。实用性同样需要考虑在内，因为它反映了特定研究方法的应用是如何通过研究人员和参与者对技术的参与而得到调整的。研究人员也认可需要对方法进一步重新定位，例如，验证线上和线下活动之间的关系（Kozinets, 2010）。

早期互联网研究的另一个关键领域是对新型组织形式的探讨。例如，Rindova 和 Kotha（2001）对互联网服务公司 Yahoo 的研究，以

* internet ethnography 与 online ethnography 均翻译为网络民族志。——译者注

及通过虚拟互联网社区进行组织以获取商业成功的新路径研究(Rothaermel and Sugiyama，2001)。这些研究还验证了公司网络的存在。例如，Lemke(1999)在组织变革研究中，对新型传播媒体公司网站的研究。最初加入互联网的管理研究以及在线和基于互联网的方法使用相对较少(Sproull et al.，2007)。早期的分析重点是文本，例如，Coupland 和 Brown(2004)对一个组织论坛上发表的电子邮件交流进行了分析。在这里，虽然数据的动态性特征得到承认，但数据的体量和形式与其他“线下”传播研究差不多，这一早期迹象表明，定性互联网研究可能不会仿照“大数据”定量研究方法的体量。最近，作为组织和管理研究“可视化”转化的一部分(Meyer et al.，2013)，研究人员的注意力已经拓展到互联网图像上了。例如，Swan(2017)在一个以指导女性为目标的培训网站上对职业女性展示进行验证，以及我们自己对不同年龄的男性和女性照片进行分析，用以揭示在线新闻媒体工作中性别老龄化的可视化构建(Pritchard and Whiting，2015)。第 5 章包含了已发表的商业和管理研究中可视化数字数据的更多案例。

随着越来越多的商业和管理研究人员将互联网作为数据和方法论工具的来源，早期对数字方法的沉默正在改变。这一领域的许多主要期刊都发表了使用数字方法收集定性互联网数据的研究论文。该领域的工作范围包括将传统方法的应用转到互联网上去，例如，网络民族志(online ethnography)(Cordoba-Pachon and Loureiro-Koechlin，2015)，以及对社交媒体等新型互联网数据的分析，以探索其在组织中的应用(Glozer et al.，2019；Sundstrom and Levenshus，2017)。在第 5 章，我们介绍了使用跟踪和追踪方法(单独使用或与其他方法结合使用)的研究并将其作为案例，为在商业和管理研究中如何收集定性数字数据提供了更为详细的说明。我们排除了使用网络民族志(例如,Kozinets, 2019)或在线民族志相关方法的研究,因为这些是独特的和成熟的方法。

## 1.2 互联网数据类型

互联网使定性研究和定量研究成为可能。后者与上述产生互联网现象地形图的“大数据”方法密切相关,阐明了所考虑问题的整体轮廓和形式(Murthy, 2008)。然而,本书的重点是定性研究,它被描述为“典型地以社会化建构现实,关注意义、思想和实践,严肃地对待原创观点为导向的归纳性研究”(Alvesson and Deetz, 2000:1)。定性研究包括从各种理论视角发展而来的广泛方法,并以一系列不同的哲学传统为基础,特别是在欧洲语境中;它们的使用有助于形成可见的和可接受的实证主义方法的替代品(Symon and Cassell, 2016)。在第 2 章中,根据更宽的研究项目哲学导向,我们验证了跟踪和追踪方法的不同使用方式。就目前而言,在互联网研究的背景下,与“大数据”研究的一个关键对比是,当我们浏览这些在线现象地形图时,定性研究关注人类/数字的互动方式,以及检验通过互联网或由互联网形成的经历。这种研究产生了定性数据(可以是文本的或可视化的非数字数据),我们将在第 5 章进一步讨论它们。

正如之前我们所指出的,定性互联网数据往往是多模式的,包含了文本和可视化沟通形式(Bell and Leonard, 2018; Meyer et al., 2013)。

文本和视觉形式均具有贡献价值,但是由于其信息承载形式不同,所以均拥有自己独特的表现和构建世界的方式(Kress and van Leeuwen, 1996)。这些方法可以独立发挥作用,例如,视觉可以传达无法用书面表达的内容(Monson et al., 2016);但也可以是两者结合起来使用(Meyer et al., 2013; Swan, 2017)。管理研究"忽视了语言和视觉文本的相互作用"(Meyer et al., 2013:522),这促使人们呼吁采用能够"应对多符号学表征"(Oddo, 2013:26)和"整合和/或对比这两种沟通形式"(Meyer et al., 2013:522)方法论的方法。这无疑为该领域学者提供了一个同时研究文本和图像的机会。我们理解,对于那些从事硕士研究的人来说,这可能是一个挑战,因为需要分析两种数据形式并整合起来以呈现研究结果。因此,在本书中,大多数研究案例都涉及文本或视觉数据。但是在第 5 章中,我们将考察更广泛的研究,包括那些比硕士研究项目所预期的更复杂的研究设计,以便充分认识这些方法的潜力。

## 1.3 互联网研究的自反性*

前文提到的研究强调了能够与互联网数据一起使用的方法和工

* "自反性"这一概念首先是由贝克(Beck)提出来的。它主要指工业现代化正处于全面的自我颠覆之中。当今世界所面临的自反性现代化是一种与工业现代化迥然不同的现代化。作为第一次现代化标志性成果的民族国家、大型组织、阶级、阶层、核心家庭等都趋于衰落,工业社会的制度体系出现全面崩解趋势。自反性现代化一方面是由工业现代化的胜利推进导致的,另一方面则是由工业现代化的后果产生的;也就是说,它既是由现代性的成就带来的,又是由现代性的破坏性导致的。这就是"自反性"一词的由来。(李庆霞:《现代性的反思性与自反性的现代化》,《求是学刊》2011 年第 6 期)——译者注

具的需求。并不是所有使用定性互联网数据的出版物都具体描述了如何选择或收集数据。研究人员也可能使用不同的术语描述相似的方法,特别是围绕现有方法的数字版本。数字民族志(digital ethnography)(Murthy, 2008)、网络志(netnography)(Kozinets, 2019)和网络民族志(Cordoba-Pachon and Loureiro-Koechlin, 2015)均是用来描述非常相似的线上民族志的方法(不同于跟踪和追踪方法,这一方法超出了本书的范畴)。这使得围绕特定数字方法追踪学术文献变得更加困难。而且,并不是所有的学者都完全相信互联网对研究的潜在贡献。例如,Travers(2009:172)认为,"很难看出新技术如何为定性研究添加更多真正的新东西……更令人担忧的是,它们夸张地让我们这样认为,因为方法是新的或者说是创新的,但是它没有进一步考虑必要的方法论问题或如何分析数据的问题"。

对此,事实上我们在本书和其他著作(Pritchard and Whiting, 2012a)中的答案是,将数字方法及其发展的使用当成自反性的机会。Hardy 等人(2001:554)将其定义为"对科学知识发展状态的意识,以及对产生知识的研究问题和对产生知识的研究群体的理解过程"。我们已经应用了一种自反性方法来验证我们作为研究人员的假设,例如,是什么构成了数据和参与者。一个与我们的反思性方法特别相关的领域是互联网研究伦理(Whiting and Pritchard, 2017)。伦理一直是一个特别的研究焦点(Ess, 2009),因为研究人员(包括我们)一直在努力将现有的伦理框架应用到互联网情境中。一些早期争论(Pittenger, 2003)预示了今天所认识到的复杂性。例如,确定一个特定的互联网空间是公共的还是私人的,以及出于伦理道德考虑目的,确定那些在其中生成研究材料的个人是不是被试。我们将在

第 3 章对此进行更深入的讨论。现在，我们转向第二个领域，即我们所采用的自反性方法——数字方法的发展。

## 1.4 跟踪和追踪方法简述

跟踪和追踪是两种相关的方法，属于方法论范围的两端，其概念界定见表 1.1。简单地说，使用各种数字（通常是专有的）工具从互联网上收集特定的资料。例如，自动谷歌警报（Google Alerts），这是一个专有的互联网工具，可以使用搜索词“年龄”和“工作”以捕捉随后每天在网上发布中提及这些词的新的英国在线媒体。在用这种方法收集互联网资料时，跟踪和追踪遵循了在商业和管理研究中收集文件和进行文件分析的传统（Lee, 2012），在网上同样采用了适应互联网材料的传统多模态形式。这使得收集各种不同类型的文件成为可

**表 1.1 跟踪和追踪的定义**

| 方法 | 描 述 |
| --- | --- |
| 跟踪 | 使用各种数字工具（如专有工具）跟踪（追随）特定事件和/或个人或者兴趣群体和/或一个概念，因为它们涉及与研究相关的特定主题。这一方法常常具有前瞻性，因为它涉及从项目一开始就及时追踪，以捕捉在互联网上发布的新材料 |
| 追踪 | 使用特定的关键字搜索（如在搜索引擎中搜索），通过各种类型的来源（如网站、博客、Twitter）提供潜在的相关材料。它通常是回顾性的，因为它涉及在研究项目开始之前在互联网上搜索已经发表或发布的现存材料 |

能,不仅可以直接从组织网站(年度报告、政策、会议记录)上收集资料,还可以从其他互联网来源,包括政府、报社、法院、运动团体和新型网络媒体(如社交媒体)处收集资料。这些资源可能不仅包括文本,还包括图像。范围广泛、多模式的资料使研究人员能够开发和解决广泛的研究问题。

正如我们前文所提及的,一个跟踪的例子就是研究人员在项目开始时设置谷歌警报,通过搜索词"年龄"和"工作"来捕捉任何在网上发布中提过这两个词的新的英国在线媒体。如果研究人员使用互联网浏览器在选定的英国在线媒体中,手动搜索过去两年出现过的这些术语,那么这就是一个追踪搜索的例子。

我们开发这些方法的原因有很多。我们设计了一个项目研究来审查"工作年龄"这一主题的网络数据,该项目得到了资助(更多详情请参见我们的研究博客,https://ageatwork.wordpress.com/)。我们需要开发一种系统的方法来识别和收集数据,而且对开发一种既实用又能促进"设计透明"的方法很感兴趣(Karpf, 2012),例如,写在要发表的研究论文中。该项目本身为我们讨论所面临的应用、方法和伦理问题提供了一个"现实"情境。我们讨论了带来挑战的互联网特征和属性,如网络资料的动态性和短暂性,以及数字足迹的概念(通过我们自己发的博客和 Twitter 对项目的描述,以及随后"追踪"的数据)。正如之前提到的,我们的方法反思了这些挑战,并将其置于现有的方法论中,而不是声称这些是新的或创新的方法(Pritchard and Whiting, 2012a)。在早期关于项目设计的讨论中,我们知道我们想要捕捉:(1)关于工作年龄的有趣话题;(2)参与和提到这些话题的组织、团体或个人的不同声音;(3)所有这些发生的数字地址。随着时间的推移，我们开始认为这些都是概念、行动主体和来源，或者研究数据的“是什么”“是谁”和“在哪里”等问题。我们将在第2章和第3章讨论研究设计时再讨论这些问题。

“跟踪”和“追踪”是我们对互联网特征反思的结果(Pritchard and Whiting, 2012b)。我们对在互联网上寻找数据与在陆地上狩猎(跟踪)和在海上捕鱼(追踪)进行了自然世界的隐喻性比较。在初级阶段，跟踪对我们来说是一种跟踪目标的感觉，目标朝着新的和不可预测的方向前进；追踪涵盖了一种寻找已经存在的并等待被检索对象的感觉。最初，我们认为这是两种完全不同的数字方法，是在互联网数据收集光谱上相反的两个点。然而，随着时间的推移，对这些方法的使用、发展和反思让我们逐渐发现，跟踪和追踪并不像最初认为的那样泾渭分明或互不相关(见表1.2)。一个项目很可能包含两者的组合。我们的关于重构退休生活论文中的数据便是如此(Whiting and Pritchard, 2020)。我们将谷歌警报与试点关键词一起使用以生成反馈，并将其作为网络上每天出现的新资料进行浏览(跟踪)。这篇论文特别关注的是在线媒体对一家保险公司的报告，该报告引入了首字母缩略词“WEARY”来代表“工作中创业活跃的退休人员”(太穷不能退休，太老不能得到一份工作，因此退休成为一个创业努力的时期)。我们选择并整理了与本报告相关的警报中所链接的所有相关材料，然后改用追踪方法。这涉及两个方面：首先，使用滚雪球技术(snowballing technique)，追寻通过跟踪方法收集到的数据中所有可能的链接；其次，使用网络浏览器在线搜索，以定位在英国在线媒体中提到该报告的任何其他资料。之后，我们选择并整理了所有进一步的相关资料，以确保没有任何遗漏。在这篇研究论文中，来自跟踪和追踪的组合资料形成了我们的数据集(我们将在第 5 章进一步讨论这个问题)。

**表 1.2　跟踪和追踪方法的特征**

| | 跟　　踪 | 追　　踪 |
| --- | --- | --- |
| 差异点 | 自动搜索,通常设置重复时间;<br>在时间上是未来式的;<br>研究人员不能回头添加新的搜索词,只能是前瞻性添加 | 手动一次性搜索;<br>在时间上是回顾式的;<br>研究人员可以添加新的搜索词或平台,在任何阶段进行手动回顾搜索 |
| 相似点 | 要求研究人员开发关键搜索条件;<br>使用专有工具;<br>可以结合其他方法进行数据收集;<br>可就多个检索词、个人、团体或机构进行查询;<br>要求研究人员评估与鉴定材料的相关性;<br>可以捕获不同形式的互联网数据;<br>由专有工具和平台的算法确定结果;<br>可以在任何阶段(在跟踪上有一定的限制,如上所述)被研究者采用;<br>可以用来补充其他方法的结果 | |

这个例子展示了跟踪和追踪的适用性,以及如何组合使用这两种方法。研究人员可以从跟踪开始,然后缩小范围地转入追踪方法。尽管这些方法具有某些共同特性(如表 1.2 所示),但是它们之间的关键区别之一是它们与时间的关系。我们认为,对于大多数硕士研究项目而言,学生很有可能会使用追踪方法,其重点是识别已经发布在互联网上的资料。跟踪——其前瞻性的重点是识别材料以及何时发布到网上——更适用于在较长时间内进行的大型研究。然而,硕士研究生可以选择使用与特定事件相关的小规模跟踪项目,正如我们在第 4 章进一步讨论的那样。

我们提到了谷歌警报,将其作为可用于跟踪的专有工具的一个示例,这是我们在自己的研究中使用最多的工具。但是还有其他几个备选(当我们在工作项目中为年龄建立数据集时,并不是所有的备选都可用)。虽然我们不推荐任何特定的工具,但需要注意的是,存在许多备选包括可用于特定数据来源的特定工具(data sources),因此,读者需要探索在自己的项目中最有效的工具。我们将在本书后面的章节中作进一步讨论。随着时间的推移,可能会开发出新工具。有些主要为数据分析和媒体监测而设计,例如,品牌和组织报道。有些工具是免费的,有些需要一定的技术技能才能使用,有些只应用于特定类型的网络资料收集。这些方法都不是为学术研究而设计的,使用它们——包括谷歌警报,将决定哪些材料可以作为数据收集,以作为它们运行的算法的结果。我们建议,研究人员在描述他们的数据和研究发现中所主张的性质时,最好记住这一点。所有的数据都是以某种方式构造的,建议研究人员在撰写研究方法时应尽可能详尽。

作为导言的总结,我们对跟踪和追踪提出警示:它们不是什么。虽然这些方法可以用来调查人们如何使用互联网,但他们自己并不关心这一点。正如我们前文提到的,它们不同于网络志(以及数字民族志或网络民族志),后者往往是研究人员沉浸在某个特殊研究领域的方法。在跟踪和追踪中,研究人员处于其研究领域之外,尽管他们可能通过自己的数字活动接近该领域(随着时间的推移,我们自己的博客文章偶尔出现在我们为收集数据而设置的谷歌警报中)。但从广义上说,研究人员和研究主题之间的关系与人种学背景下的关系有所不同。

## 1.5 本书观点

本书的主要目标是帮助商业和管理领域的硕士研究。我们假设硕士学生读者很少或没有使用数字方法收集数据的经验。然而，在与同行和同事的讨论中，我们了解到，这些材料可能对更有经验的研究人员更有用。这些人要么对更多地了解这些数字方法感兴趣，要么是从事监督完成数字数据工作的人。考虑到这一点，我们将在第5章涵盖一些已出版的研究实例，介绍适用于该领域更为深入的研究或高级研究的数字方法的其他方面。

就本书的结构而言，其余章节按顺序介绍了研究项目所需的各个步骤。第2章向读者介绍研究哲学的关键内容，并解释在商业和管理研究项目中，通过跟踪和追踪方法研究哲学如何影响定性数字数据的收集。第3章讨论跟踪和追踪方法的组成要素，确定这种研究所涉及的一般阶段，并就每一阶段需要考虑和处理的问题提出建议。第4章考虑使用不同方法时如何组织不同的组成要素，尤其是关注每个阶段实用性。第2章、第3章和第4章以可能的硕士研究项目为阐述示例。第5章更详细地描述商业和管理已发表研究中，定性数字数据是如何收集的。第6章总结并展示该方法的优点和缺点，包括通过适当的范式标准评估数字定性研究(qualitative research)的质量，本章还包含一些准备数据分析的小技巧。

纵观整本书，我们使用了“收集”(“collect”和“collecting”)一词。然而，在定性研究中，数据是通过研究过程建构和策划的这一点是公认的。虽然有不同的立场,正如我们在第 2 章探讨的,许多人仍然同意数据不存在独立于研究项目和先于研究项目之前的情况。相反,数据是通过研究过程“生成”的,事实上,对于研究人员来说也是如此。我们在整本书中讲明了研究人员采用跟踪和追踪方法的意义,特别是在第 3 章和第 4 章中。

鉴于本书的结构和相对较短的篇幅,在硕士研究项目的某个特定阶段,从头至尾阅读本书并在必要的和有需要的情况下再次阅读是最有意义的。我们对在商业和管理领域的问题中采用数字方法的可能性充满热情,并使用我们自己研究中的例子来说明书中的许多观点。对于我们而言,下面来自安尼特·马卡姆(Annette Markham)的引语是最佳诠释,他总结了互联网对进行定性研究的范畴和影响:

> 就定性研究而言,互联网不仅仅提供了进行社会研究的新工具或场所,它还挑战了身份、关系、文化和社会结构构建所想当然的框架。同样,它也对我们在一个媒介融合、媒介身份、社会边界重新定义,以及地理边界超越的时代如何理解和进行定性探究提出了挑战。(Markham, 2010:112)

我们希望本书为那些希望利用这些机会,在定性商业和管理研究领域使用数字方法的人提供一个有用的工具。没有任何研究是完美的,但我们的目标是确保在计划和准备的过程中,当问题和挑战出现时(它们必然将出现),研究人员能够很好地应对它们。

# 2 理解跟踪和追踪方法

## 2.1 引言

本章的目的是探索如何以不同方式使用跟踪和追踪方法，这取决于研究项目更广泛的哲学导向。这是一个重要的思考因素，因为要回答所提出的研究问题，实现方法就需要与研究人员所提的哲学假设相一致。

对于更传统的方法而言，其与特定哲学假设之间的关系存在广泛争论。这种关于方法论“契合度”的讨论得到了公开发表的实证研究的支持，这些研究证明了特定的哲学立场会如何转化为研究实践。然而，由于跟踪和追踪是相对较新的方法，更广泛的在线研究领域正在迅速发展，这样的辩论才刚刚开始，所以可供使用的例子较少。因此，在本章中，我们概述了可以指导研究工作的不同方法，并探讨了跟踪和追踪方法可以应用的途径。正如我们所验证的，这需要研究人员反思引言中概述的三个问题：是什么（what）、在哪里（where）和是谁（who）。

本章探讨了以下主题：

- 哲学假设；
- 跟踪和追踪的不同途径；
- 定性的后实证主义；
- 诠释主义研究；
- 批判主义方法。

## 2.2 哲学假设

本书介绍的跟踪和追踪方法不拘泥于特定的研究方向或哲学领域。然而，大多数研究人员在跟进研究项目时，要么采用内隐的理论框架，要么采用外显的理论框架，这些理论框架决定了项目开展的方式。因此，跟踪和追踪在实践中如何得以实施将由研究人员自己的哲学假设来驱动。这些假设在本质上不存在正确或错误的问题，只是不同而已。

依据研究人员的研究假设，最常见的哲学假设是：

1. 现实的本质，或称本体论假设（ontological assumptions）。
2. 我们理解和产生知识的方式，或称认识论假设（epistemological assumptions）。

关于本体论，Duberley 等人（2012：17）强调"本体论问题关注的是我们感兴趣的现象是否真的独立于我们的认识和感知而存在"。与此相关的是，认识论涉及了知识哲学以及知识主张可以断言和辩护的方式，这一争论至少可以追溯到柏拉图和亚里士多德时期（Morton，1977）。不出所料，这类问题在学术文献中引发了广泛的，甚至可以说是令人精疲力竭的争论。鉴于本书的重点是在线方法，值得注意的是，现实和在线知识的概念进一步扭曲了这种争论。这些不再是简单的学术问题（Lazer et al.，2018），相反，“虚假新闻”（fake news）和“深度虚假在线视频”（deepfake online videos）等问题已成为公众争论的话题（Bellemare，2019；Chivers，2019）。

回到研究哲学问题上面，不同假设组合在一起的方式有许多种分类，从而产生了研究方向的标签。由于本书篇幅有限，我们不对这种分类详细论述，但会概述显著的差异之处。Duberley 等人（2012）解释说，结合本体论和认识论，支撑研究的哲学假设通常以现实主义（realist）和相对主义（relativist）视角之间的差异呈现。现实主义的观点基于假设，假设研究对象等待我们使用客观且科学的方法（认识论）进行发现（本体论）。这与挑战“具体”现实（本体论）概念的相对主义观点形成了鲜明对比，相对主义认为现实是通过各种复杂的构建过程形成的（认识论）。从本质上说，Duberley 等人（2012：17）认为“如果我们拒绝中立性的观察，那么我们必须承认面对的是社会构建的现实”。

对于研究人员如何选择他们的定位和随后的方法争论，一个常见的批评是，研究人员是去情境化的。这样做的风险是，呈现出的是研究人员某种理想化的、完全控制在研究项目方向的构想。换句话说，我们冒险假设了一个“纯粹”的研究项目。然而，研究人员和研究项目受到许多不同利益相关者的影响，其中许多可能被更恰当地描述为“适用的”。在应用研究的情境中，为确保研究设计符合预期，明确不同利益相关者所持有的哲学假设仍然是有用的。我们将在第4章回过头来讨论这一点。在概述了哲学假设的不同基础之后，我们将在接下来的小节探讨它们是如何影响研究设计的。

## 2.3 跟踪和追踪的不同途径

在本节中，我们探讨了定性的跟踪或追踪研究如何受到研究项目驱动的哲学假设的影响。为了厘清这些问题，我们使用上一节探讨的现实主义和相对主义定位之间的一般差异，但鉴于我们关注的是定性研究，我们将基于对经验的理解方式稍进一步厘清这个问题。这给我们提供了三种而不是两种思考逻辑：

1. 定性的后实证主义(qualitative post-positivism)：这一观点与之前概述的现实主义立场一致，真实的现象必须通过客观和科学的方法被具象化和发现。虽然这通常与定量研究视角相联系，但它同样可以支持定性研究。在这种情况下，由于认识到两类研究有不同的经验框架，因此对统一的共同现实概念会给予宽松的限定。然而，定性方法通常强调客观的方法论立场，因此在这里可以包括许多方法。Eriksson 和 Kovalainen (2015)在这个主题下纳入了批判现实主义(critical realism)、象征互动主义(symbolic interactionism)和扎根理论(grounded theory)。
2. 诠释主义(interpretivist)：涵盖了通常与诠释学(hermeneutics)

(Wernet, 2014)和现象学(phenomenology)(Eberle, 2014)密切相关标签下的广泛研究。当我们在本书中把这些观点组合在一起时,我们建议研究者进一步探索解释主义中不同"口味"所包含的具体承诺。从这个视角进行的研究关注的是意义建构(meaning making),所以研究对象是现实特定方面的个人或集体经验。

3. 批判主义方法(critical approaches):需要再次重点明确,我们在这里使用的具有广泛性质的标签是相对简单的方法(Eriksson and Kovalainen, 2015)。这包括质疑现实本质和我们理解现实本质方式的研究,通常会采用政治方面的观点来分析我们的经历是如何塑造的。与我们在诠释主义标签下所定位的研究的关键对比是,为了致力于解构意义本身,对个体意义进行了分散。

在接下来的章节中,每一项都将展开论述,并提供跟踪和追踪研究的案例。

## 2.4 定性的后实证主义

如前所述,在这个大主题下进行的研究始于假设:具体现实需要通过客观研究方法获得。乍一看,在线研究对从这个视角出发的研究人员来说似乎是一个特别有吸引力的机会。第一,"在线"现在是人类活动的一个普遍公认情境(Fielding et al., 2008)。无论是何种技术科学促进了我们的数字体验，我们都已经习惯于“上网”并在网上“发帖”，就好像它是一个实体的地方。从这个意义上说，它已经被接受为真实存在的、值得调查研究的现实（Kiesler, 2014）。第二，对于许多人来说，网络是一个容易接近的“地方”，我们经常对设备（device）上显示内容的状态作出假设。例如，我们倾向于假设可以通过各种接口和门户访问相同的信息。这导致人们对在线信息是共享的这一状态达成共识。从这个研究视角来看，很容易定义“对象”。第三，“线下”的存在和“线上”的体验之间的分离，似乎为研究人员提供了一种创造客观距离的方法。这是许多方法的共同特征。例如，作为一种研究工具，问卷在研究人员和参与者之间制造了一种距离，他们可能永远不会直接接触。在线研究也为这种分离提供了潜在可能，这是研究客观性的关键。特别是在研究人员通过建立专门用于研究的特定账号或配置文件，将研究活动与个人体验分开的情境中。

我们将在下面进一步看到，这些主张被那些持解释主义立场或批判主义立场的人认为是有问题的。然而，即使在支持后实证主义立场的研究团体中也有人担心，在线数据明显的易得性可能导致研究设计不足（Fielding et al., 2008）。因此，与任何其他研究模式一样，设计过程必须清楚地将定义研究问题的参数纳入考虑中，并充分理解研究变量。在在线研究的情境下，变量更加广泛。具体来说，在设计阶段需要进一步考虑技术和平台变量。这包括使用的设备、访问方式、访问来源[包括驱动特征——例如语言显示——的互联网协议（IP）地址]、用于研究的在线身份或个人资料、访问手段和研究平台或目标等问题。这些因素可能都需要在稍后的项目中记录为元数据。虽然这些问题需要在所有研究项目中加以考虑，但由于在定性的后实证主义立场下对客观性作出的承诺，所以这些基础必须在一开始就建立起来。

回到我们关于“是什么”“是谁”以及“在哪里”进行在线研究的问题上，表2.1进一步详细探讨了这些问题。

**表2.1 应用定性的后实证主义假设**

| | 应用定性的后实证主义假设 | 对数据收集的影响 |
|---|---|---|
| 是什么 | 在开展研究之前，可以从以往研究(包括没有使用网络数据的研究)中清楚地识别所研究的概念或变量 | 已经建立驱动数据收集的关键术语；<br>将对确定的来源进行某种形式的审查，以确保它们符合研究范畴 |
| 是谁 | 提前明确确定可能参与研究的行动者或来源；<br>研究人员不在研究范围内，而是独立于研究之外 | 将为数据收集定义一个目标，根据跟踪和追踪研究的不同目标性质，研究人员可以确定这两种情况下的适当标准，可以根据具体标准灵活地扩大目标范围；<br>研究设计需要考虑客观标准，例如，使用不同的技术工具和界面 |
| 在哪里 | 已知收集数据的具体在线网址和访问网址的方法 | 收集数据之前明确研究领域；<br>明确技术和平台变量；<br>技术工具需要提前测试，以确保符合预先确定的准入标准 |

在概述了后实证主义的跟踪和追踪研究的总体框架后，下面我们讲述两个采用这种方法的研究案例(专栏2.1和专栏2.2)。

**专栏2.1 定性的后实证主义跟踪研究**

米娅(Mia)是一名硕士生，她在一家大型保险公司的人力资源部兼职学习。在此期间，她设计了一项研究，用于探索其他英国

(续表)

金融机构如何利用社交媒体来传达它们对多元化的承诺。她采用FTSE100指数界定纳入研究的金融机构,用《英国平等法》(UK Equality Act)确定应该考虑的多元化的不同方面。米娅还与她的经理合作,根据对社交媒体平台使用的理解,将不同的沟通类型加以分类。她特别热衷于区分通过分享式沟通的社交媒体与通过举办活动或发布公告发起沟通的社交媒体之间的差异。

她的导师建议米娅寻找其他类似的研究,这样就可以重新使用现有的沟通和平台分类,这将使她的研究更加可靠。目前,米娅正计划利用自己的社交媒体账号关注由Twitter和Instagram鉴别确认的公司名单。她还没有完成伦理审核,但她希望将所有数据下载到自己的笔记本电脑上,并考虑使用一种定性内容分析方法。由于其组织为她的研究提供经费,米娅需要确定有效沟通的关键特征,并根据她的分析起草一套指导方案。

**专栏2.2 定性的后实证主义追踪研究**

雅各布(Jakob)正在攻读硕士学位,他的研究方向是,在广泛的性别公共争论背景下如何实现陪产假。雅各布不能通过直接访问组织或其他团体来探索这个主题。他与导师合作设计了一项研究,以自2015年4月(监管改革日)以来在特定新闻网站上发布的文章为样本进行研究。雅各布以在英国"大报"中闻名的在线报纸为研究目标,因为他相信这些报纸有更好的报道质量声誉,而且有

（续表）

| 更可靠的新闻故事来源。他计划下载所有可识别资源副本，并根据他预先开发的类型学对这些资源进行分类。以此为基础将新闻故事按照关于陪产假的积极、中立或消极态度进行分组，然后雅各布随机选择一个子集，对每个主题进行更详细的案例分析。在进行分析之前，雅各布要与导师会面并报告数据收集结果。 |
| --- |

这些例子从这个视角为研究项目框架提供了见解。然而，在详细的研究设计过程中，还有更多的问题需要探讨，这将在本书的后续章节进行。

## 2.5 诠释主义研究

正如前文所强调的，为简化起见，我们在这个宽泛的标签下处理研究问题，因为在进行跟踪和追踪时，研究会具有类似的目标并遇到类似的问题。诠释主义研究（interpretivist studies）试图寻找对经验的理解，以及个人或群体理解经验的方式。从这个视角来看，在线研究具有吸引力，因为网络的体验属性可能比线下环境更容易接近和触及。最初，研究人员从这个角度在网络上寻找特定的“地方”进行研究，特别是讨论特定主题的网站或者特定特征群体聚集的网站。这些研究大多通过互动方法展开，如在线民族志（Hine，2008）或网络志(Kozinets, 2010)。

然而,跟踪和追踪对诠释主义研究很有吸引力,因为它们提供了一种开展研究的方法,而不需要进行更为复杂和耗时的被试观察。事实上,我们认为跟踪或追踪研究对更深入的民族志研究来说是一个有用的初级手段,因为它可以为研究设计提供初步建议。第 5 章将深入介绍一个将案例研究方法与在线研究方法相结合的研究实例(Orlikowski and Scott, 2014),尽管这一研究和类似研究的广泛性意味着它们超出了许多硕士研究项目的范畴。

对于诠释主义跟踪和/或追踪研究的关键挑战是,对在线研究方法意义建构的理解方式。在本书概述的跟踪和追踪方法中,我们故意排除了研究人员和"现场"被试之间的直接接触(无论是在线接触还是面对面接触)。然而,在第 3 章中,我们介绍了一个硕士研究的例子,其中跟踪和追踪方法可以与访谈方法相结合。在第 5 章中,我们提供了跟踪和追踪方法如何与其他涉及被试的方法结合使用的例子。我们的重点是收集已经或正在网上展示的资料,而不是用于正在进行的特定研究的资料。这就引出了许多定性研究人员的一个相关问题:网络资料的真实性(Thurlow, 2018)。对真实性的担忧是以这样一种想法为前提:几乎任何人都可以在网上发布任何东西。许多群组、网站和论坛都是开放的,正如我们已经讨论过的,"造假"在网络上已非常普遍。鉴于诠释主义者对意义建构感兴趣,真实性的问题就显得尤为重要。如果收集到的资料在某种程度上是虚假的,甚至是恶意的,该怎么办?当然,这永远不能完全排除,但仔细认真的研究设计可以纳入一些处理方法来缓解这一问题,包括以特定的来源或地点为目标,交叉检查关键主题和延续以前实证研究中建立的研究模型。跟踪在这方面提供了更多便利,因为它提供了一种随时间的推移对问题进行跟踪的方法,允许研究人员更好地理解正在思考的问题。然而,需要考虑的重点是,与我们相信访谈中通过交谈能够获得个人想法类似,我们需要相信通过跟踪和追踪所收集的在线帖子。

这里有一个相关问题涉及机构在网上的展示方式,以及在不同角色和平台之间发出声音的可变性。例如,一个组织的 Twitter 账号可能是一个组织的“声音”。但是,从诠释主义的角度来看,不同个体的角色和可能没有代表真实声音的感觉,会给研究带来很多问题。

伴随诠释主义的立场,研究人员在研究过程中所有方面的角色均得到承认,这是后实证主义在立场上的重大转变,这种转变通常是通过对自反性的认同。自反性是研究实践的一个关键方面,通过它我们可以(短暂但反复地)将我们的焦点从正在进行的研究对象,转移到质疑我们作为研究人员在知识生产中所扮演的角色上去;它也是一种能够了解研究进程的方法,从而知道如何改进研究程序(Alvesson and Skoldberg, 2000; Yanow and Tsoukas, 2009)。正如 Rhodes(2009:656)所建议的,自反性能够提供一种“让研究认识到自己是创造性实践”的潜力。

在考虑接受自反性的同时,有两个重要的问题需要思考。第一,研究人员应该在研究之前和整个过程中思考他们对在线环境的体验和参与。第二,使用在线工具(如博客)来推进研究过程,这一方式有可能产生在数据收集过程之中就完全嵌入研究人员自己的想法和思想的效果。

回到我们关于在线研究的“是什么”“是谁”和“在哪里”的问题

上，表 2.2 进一步详细探讨了这些与诠释主义假设相关的问题。

**表 2.2　应用诠释主义假设**

| | 应用定性的诠释主义假设 | 对数据收集的影响 |
|---|---|---|
| 是什么 | 研究范围将得到广泛的界定，并标出兴趣领域 | 推动数据收集的一系列术语；<br>在前测阶段或研究早期阶段，会出现包含/排除哪些内容的限定 |
| 是谁 | 一个初始群体，一系列发言或个体范围被确定为起点。很可能已经进行了初步在线调查，以确定这些群体的特征 | 需要适当的研究规模以达到必要的研究深度；<br>纳入的发言范围可能相对较小；<br>问题可能与在线机构的发言有关，不同的人可能在不同的时间或通过不同的渠道进行交流 |
| 在哪里 | 人们会对使用的在线环境类型以及这些环境的不同产生兴趣 | 因为使用频繁，某些类型的网站可能在直觉上更有吸引力。例如，博客通常被视为是一种获取生活经历的在线日记 |

在以诠释主义立场概述了跟踪和追踪总体框架的基础上，接下来我们将介绍两个采用这种方法的研究案例(专栏 2.3 和专栏 2.4)。

**专栏 2.3　诠释主义的跟踪研究**

查莉(Charlie)正在攻读市场营销硕士学位。她热衷于了解市场营销人员如何认识专业知识在“现实生活”中的有用性，以及他们如何让持续性的专业发展(continuing professional development, CPD)变得有意义。她发现，许多营销专业的人士使用一组密切相关的 Twitter 标签来发布他们的职业发展活动和经验。事

（续表）

实上，其中一个标签似乎在欧洲和美国得到广泛的使用。与她的论文导师讨论这个问题时，查莉计划用八周的时间跟踪这些话题标签，并收集相关的 Twitter 文章（以下简称推文）。虽然有研究人员（Wasim, 2019）建议选择一个随机样本来进行详细的专题分析，但查莉仍然计划首先使用高级专题分析，按营销知识领域对推文进行分组。从最初的专题审查中，她计划选择三个知识专题进行进一步的详细专题分析。她已经和她的导师讨论过，她可能会在她的论文中选择样本推文来进行更详细的分析，因为她已经看到这种方法在其他数字数据研究中得到采用（Breitbarth et al., 2010）。她还计划关注这些推文中突出的链接，以收集有关这段时间内发生的事件数据，并希望结合对这些网站的分析去了解 CPD 对职业的意义。她的导师建议她小心管理研究项目的规模，但也同意在数据收集过程中探索不同的途径是一个有用的方法。他们同意共同审查她收集的数据，并完善她的研究问题和分析方法。

**专栏 2.4　诠释主义的追踪研究**

亨尼（Henny）渴望开展一个研究项目，作为他们的 MBA 课程的一部分。他们对可持续性特别感兴趣。亨尼一直在阅读有关汽车行业的小公司如何在“绿色”市场中定位的资料。他们特别希望了解在汽车行业的大背景下，“绿色”对这些小公司有什么意义。亨尼与他们的 MBA 项目主管讨论了数据收集策略。从最近的一

(续表)

| 份行业报告中,他们确定了一些可以用于数字搜索策略的关键术语。从最初的审查中,亨尼已经知道,这篇报道在一系列流行媒体和一些更专业的新闻媒体上得到广泛的报道。然而,除了对这篇报道的追踪外,亨尼还决定使用追踪搜索方法,并在更广泛的在线新闻中搜索所确定的搜索词。他们的 MBA 项目主管也认为这是一种有用的数据收集方法,但他建议需要谨慎地为数据收集划定界限,以避免负担过重。 |
| --- |

查莉和亨尼对他们研究项目的想法强调了从这个角度进行研究项目的一些重要思考,涉及选题和数据识别的方法。然而,正如我们将在后续章节中探讨的那样,这两个项目在开始数据收集之前都需要更加详细的设计和规划。

## 2.6 批判主义方法

如上所述,我们认识到"批判主义方法"(critical approaches)是一个广泛的范畴,包括许多不同类型的研究,鉴于所采用立场的广度,确实存在很多关于这一总括术语有效性的争论(Eriksson and Kovalainen, 2015)。然而,值得注意的是,"批判性管理研究"的标签已经得到确立。一般来说,这些方法通常与诠释主义方法在经验上有共同的兴趣点。然而，这种经验往往是采取相对主义立场和主观方法的不同探索。因此，个人主观性(personal meaning)就成了问题。研究侧重于塑造不同现实的表现形式(文本、视觉、材料)所展现的不同力量和影响，而不是寻求获取个人意义上的创造。更具体地说，有一个重点是管理(从广义上或从某个特定方面来说)是站在社会立场还是文化立场上。批判主义方法经常关注当代组织生活中困难或消极的方面，目的是促成变革。

从这个角度来看，在线研究提供了一些优势。第一，有很大的空间去探索一个感兴趣话题的各种陈述，并有机会去研究占主导地位的声音、立场和利益的痕迹。追踪不同来源和关联关系的能力，也为调查不同叙述的潜在影响提供了一种解决途径。第二，当面对网上收集的信息时，批判性研究弱化个人且强化组织的方法似乎更有效。这是因为，个人可能已经被技术手段隐藏或遮蔽了。当然，这有很大的不同，相反的是，在视频和多媒体资源中，由于媒体和平台与个人的结合，个人很有可能成为超然的存在(hyper-present)。这种披露困境(dilemma of representation)是我们在自己的研究中特别关注的一个方面(Whiting and Pritchard, 2019)。第三，由于许多不同的机构、组织和其他团体使用网络媒体进行辩论，一些可能被视作敏感问题的话题更容易在网络上获得。当然，这并不会降低这些话题本身的敏感性和适当性。关于被试和研究人员的伦理问题，在这里很重要。

此外，一项重要的研究计划会因为采用更具有创造性的研究方法而成为具有创造性的机会，并可能寻求纳入创造性的研究要素。在这两方面，在线研究都可能提供相当大的潜力，当然，这两点也不能都得到保证。批判性研究方法也需要持怀疑态度。这既与研究主题有关,也与主题知识的产生方式有关。在这种情况下,重点需要考虑的是对互联网、社交媒体和其他形式技术中介的怀疑态度如何影响研究。在进行批判性研究时,需要研究的自反性,其中研究人员需要开放自己的思想和研究假设(表 2.3)。

**表 2.3 应用批判主义假设**

| | 应用批判主义假设 | 对数据收集的影响 |
|---|---|---|
| 是什么 | 调查主题需要事先确定,但是与"是谁""在哪里"等问题密切相关。该主题不是无价值的,它与一组特定的研究兴趣相关 | 考虑到语言在许多批判性研究中的中心地位,需要仔细考虑搜索词和关键字的使用;<br>某些术语和研究兴趣之间可能有密切的联系;这可以实现深度,但限制了数据收集的广度 |
| 是谁 | 如上所述,研究对象可能是研究的组成部分,因为确定研究兴趣是研究设计的核心 | 在一个较小规模的项目中,关键是要确定研究中所考虑的主要观点;然而,重要的是要认识到,可能会出现意想不到的观点和参与者,以及处理这些问题的必要方法 |
| 在哪里 | 批判性方法将延伸到质疑网络环境的中立性,并考虑各种媒体的积极参与 | 在研究设计中需要考虑平台的属性和知识的技术中介作用 |

从批判的立场概述了跟踪和追踪的总体框架之后,接下来,我们提供两个采用这种方法的研究示例(专栏 2.5 和专栏 2.6)。

**专栏 2.5 批判主义的跟踪研究**

阿尔文(Alwyn)在公共部门工作了十多年,现在正在攻读硕士学位。他感兴趣的是,在公共服务领域的一系列职业生涯中,创

（续表）

新、创造和拥有关于“内部企业家精神”的想法如何提升成为基本属性。他认识到自己对这些想法的不适应将影响他的研究，并与导师进行了讨论。阿尔文已经决定将重点放在研究专门面向公共部门中层管理人员的专业发展培训课程，是如何提供发展这些技能和属性的机会的。他的计划是利用各种社交媒体平台来识别正在推广的特定课程，并通过链接收集在线课程的详细信息。在这个阶段，他期望使用话语分析来回顾课程描述，并揭秘如何构建具有创新性和创造性的公共部门工作者。

**专栏 2.6　批判主义的追踪研究**

格温(Gwen)正在进行一个硕士研究项目，他对探索如何在第三世界国家促进风险融资机会产生了兴趣。研究团队成员特别感兴趣的是如何构建慈善捐赠中捐赠者/赞助者、积极参与者和预期接受者等的主体定位。在与他们的导师讨论后，他们计划测试一些搜索词，同时在 Instagram 和 Twitter 上进行前测搜索。他们的导师表示，数据量可能非常大，格温可能需要缩小搜索范围，以追踪特定类型的活动和/或慈善类型。格温同意在测试期内审核搜索参数，以此确保可以对潜在主题定位识别进行深入分析。

正如我们所看到的，批判导向在这些项目的概念中是明确的，因为两者都寻求分解和拆解特定定位。在随后的章节中，我们将探讨这些学生在数据收集开始之前需要解决的关键问题。

## 2.7 本章小结

在本章中，我们完成了如下内容：

- 探索了研究人员的哲学导向如何塑造研究项目；
- 考虑了跟踪和追踪方法的不同导向；
- 提供了三个广泛的研究方向（后实证主义、诠释主义和批判主义的方法）可以形成的跟踪和追踪研究；
- 更详细地审视了每一个方向，阐述了进行跟踪和追踪研究需要考虑的因素。

当设计一个硕士研究项目时，明智的做法是对正在探索的主题广泛咨询有关的哲学问题，并考虑该主题的个人观点。如前文强调的，在跟踪和追踪研究中，个人对在线空间、平台和参与者的观点也至关重要。本章和本书其他地方的参考资料包含许多详细的资源来帮助完成这项任务。

# 3 跟踪和追踪方法的基本组成

## 3.1 引言

本章的目的是，提供在使用跟踪和追踪方法收集和准备收集定性数字数据时所需的细节。本章确定并解释了该方法所涉及的一般步骤，在考虑定性互联网数据伦理问题的同时，与基础研究方法联系起来。我们以自己的研究和模拟的学生项目为案例对这些步骤展开说明。本章还给予了每个步骤中需要思考的问题和解决问题的建议，预测了在跟踪和追踪方法之间的动态选择，并解释了这些方法是如何相互关联的。

本章对该方法的以下步骤进行了回顾：

- 设计研究问题；
- 确定数据类型；
- 设计数据收集；
- 数据选择和抽样策略；
- 选择数据筛选工具；

- 伦理审查问题；
- 设计数据管理；
- 选择数据管理方法；
- 进行前测；
- 进行主要研究；
- 数据管理和分析准备。

## 3.2 设计研究问题

为一个项目设计研究问题与研究人员所采用的潜在哲学取向密切相关。正如前一章所探讨的，研究人员在研究现实本质时所作出的决定（本体论假设），以及我们理解和生成知识的方式（认识论假设）将决定研究问题的设计和措辞。表 3.1 中所展示的，是第 2 章介绍的硕士研究项目示例中的研究问题。

**表 3.1 硕士项目研究问题的示例**

| 研究类型 | 示 例 | 研究问题 |
| --- | --- | --- |
| 定性后实证主义跟踪研究 | 第 2 章：专栏 2.1（米娅） | 英国金融机构如何使用社交媒体来传达他们对多元化的承诺？ |
| 定性后实证主义追踪研究 | 第 2 章：专栏 2.2（雅各布） | 在媒体关于性别平等的讨论中，陪产假在多大程度上是一种积极的发展？ |

（续表）

| 研究类型 | 示　例 | 研究问题 |
|---|---|---|
| 诠释主义的跟踪研究 | 第 2 章：专栏 2.3（查莉） | 市场营销专业人士在哪些方面认为，持续的专业知识发展是有用的？ |
| 诠释主义的追踪研究 | 第 2 章：专栏 2.4（亨尼） | 汽车行业中的中小企业如何在社交媒体上定位自己对“绿色”的理解？ |
| 批判主义的跟踪研究 | 第 2 章：专栏 2.5（阿尔文） | 谁是具有创新精神和创造力的公共部门工作者？ |
| 批判主义的追踪研究 | 第 2 章：专栏 2.6（格温） | 关于风险融资的社交媒体活动是如何为参与者创造独特的定位？ |

从表 3.1 可以看出，解释主义和批判主义研究更可能涉及“如何”或“以何种方式”的研究问题。后实证主义研究更可能涉及“是什么”的研究问题。已发表的研究课题学术论文也将为硕士生提供一种意识，即基础的本体论和认识论假设的研究如何联系到研究设计和研究问题的制定之中。有些论文会非常清楚和明确地提出它们的研究问题。在其他情况下，有必要仔细阅读论文的摘要和方法部分，以提炼研究目标或问题。第 5 章将介绍更多已发表的研究问题案例。

对于一个硕士研究项目而言，一个好的研究问题需要明确的措辞，它需要准确地列出它是什么（概念、现象或构造等），这些内容需要接受评审，而且为了完整性也需要纳入研究背景。如果研究背景不是构建研究问题的一部分，那么在进行书面陈述时，需要在研究介绍中清楚地解释研究背景。这样做的目的是确保读者清楚正在研究什么以及在什么情境中进行研究。在项目报告的各个节点(如方法、结果和讨论部分)重复这个细节是很好的做法。

虽然该项目仍在进行之中,但明确研究问题将有助于研究人员保持专注。例如,决定哪些是相关数据或哪些不是相关数据。然而,在使用其他定性方法的研究中,很有可能原始的研究问题在项目进行中会超出原本的设计,这是因为研究人员会对所收集数据的属性作出调整。我们将在第 4 章给出保持聚焦和处理研究问题的建议。

## 3.3　确定数据类型

研究问题的范围在很大程度上决定了收集数据的类型。这一点应该一直被牢记。参见下文评估数据收集方法的有效性和评估数据解决研究问题的能力。研究可能需要一种以上的数据收集方法。我们在第 1 章中讨论了跟踪和追踪是一系列互联网数据收集方法中两个相反方向的代表,并且在一个项目中可能组合使用这两种方法。根据研究问题的不同,还可能将互联网数据与其他数据类型(比如访谈)结合起来,这通常被称为多元方法设计(参见 Baxter and Marcella, 2017)。

互联网提供了大量可能的定性数据类型,可以是文本的,也可以是可视化的。例如推文、网站、博客、Instagram 帖子、新闻媒体文章(包括库存图片或漫画)、YouTube 视频和 Facebook 页面。事实上,多模式是网络资料的一个关键特征，许多互联网数据源会将文本和图像结合起来。这意味着研究人员需要决定是否验证文本数据(Pritchard and Whiting，2014)、可视化数据(Davison，2010)或两者兼有(Benschop and Meihuizen，2002)。对于一个硕士研究项目而言，更容易将数据限制在一种模式(文本或可视化)中，因为无论收集到什么数据都需要分析。存在一系列专门为每种数据模式设计的分析方法，这些方法很容易扩展项目范围，从而超出给定的时间框架和允许体量。

有一些潜在数据以传统公开文件形式存在，如公司年度报告，现在通常在组织的网站上获取。正如 Davison(2010)解释的那样，年度报告是组织报告财务信息的主要渠道，但随着时间的推移，它们的内容已经得到了扩展，还包括金融监管机构不要求但公司选择添加的材料(如图片)。其他类型的潜在数据是专门为网络开发的形式，这些形式在互联网出现之前并不存在，例如网站、论坛、博客和推文。也有代表传统形式的数据类型，比如已经转移到网上的新闻故事。通过这些方法开发了新数据的可能性，例如，含有丰富照片的在线新闻故事，以及引入正文下评论(below-the-line comments)，在很大程度上取代了给编辑写信，成为读者回应新闻的一种方法。

关于互联网数据文本形式的例子，请参见下列研究：Boland(2016)对求职网站的分析，即针对求职者的招聘广告和建议；Glozer 等人(2019)利用两家对比鲜明的上市公司的 Facebook 页面，通过社交媒体对话研究组织合法性的研究；以及 Ozdora-Aksak 和 Atakan-Duman(2015)关于土耳其银行使用 Facebook 和 Twitter 来理解公共关系在组织身份构建中作用的研究。文本数据的其他例子包括博客和在线新闻媒体故事。互联网可视化数据的具体案例,请参阅:Duff(2011)对企业年报图像的批判性照片分析,以验证财务、性别和种族的交叉作用的研究;以及 Rokka 和 Cannford(2016)对 Instagram 上消费者自制的香槟品牌自拍照可视化内容的分析研究。其他类型的可视化数据包括照片、漫画和 YouTube 视频(也参见第 5 章)。

## 3.4 设计数据收集

一旦研究人员决定了研究问题并确定了潜在的数据类型,他们就需要着手准备设计数据收集程序,包括对数据源的选择。尽管本书的重点是互联网数据,研究人员仍然可以将互联网数据与另一种方法(如访谈)相结合,这种情况也要考虑进去。

我们在前几章中介绍了框架——“是什么”“是谁”和“在哪里”,以此为出发点对设计数据收集程序很有帮助。简单地说,“是什么”与感兴趣的主题和研究范围有关,“是谁”与作为主题焦点的组织、团体或个人有关,“在哪里”与从互联网的何处收集数字数据资源有关。也有必要确保设计能够反映所选择的方法(后实证主义、诠释主义或批判主义),参考第 2 章的内容。无论选择哪种方法,数据收集都包括跟踪或追踪,或者两者的结合,如下面专栏中的示例所述。

专栏 3.1 着眼于在一项采用定性后实证方法的研究中使用追踪方法进行数据收集的设计。它强调了在进行更系统的前测研究以评估数据收集方法的稳健性之前,初始步骤在设计过程中的必要性。

**专栏 3.1　使用追踪方法的定性后实证研究的数据收集设计**

艾哈迈德(Ahmed)是一名全日制硕士研究生,他想评估英国大型组织(是谁)在其企业网站(在哪里)上发布的企业社会责任政策(是什么)的范围。他已经决定用 FTSE100 指数决定哪些组织可以被纳入研究范围。由于他感兴趣的是一种不受日常变化影响的政策类型,重点是这些公司现有的政策。这意味着追踪收集数据的方法是合适的,因为这种方法旨在收集已经存在的材料。推动数据收集的关键词是"企业社会责任"(corporate social responsibility, CSR)。不过,艾哈迈德的导师建议他看一看 FTSE100 指数中的一些样本企业网站,去了解有哪些是与企业社会责任相关的材料,以及这些材料是如何描述的。

艾哈迈德从网上下载了一份 FTSE100 指数成员公司的名单,通过一个基本的互联网搜索引擎,在其中五家公司的名称中加上"企业社会责任"一词,找到了它们网站上的潜在相关内容。在此过程中,艾哈迈德识别了一系列不同类型的文件,不仅有正式政策,还有声明、计划和网站的部分内容,这些都涉及企业社会责任,这些文件还使用了相关的关键词(如"可持续发展"和"价值观"),或许反映了他所取样的公司网站的不同部门和相关实践。

这对他来说很有趣,因为他想专注于企业社会责任政策的研究。通过反复核对关于企业社会责任的学术文献,艾哈迈德能够开发出一个关键词列表,用于数据收集的下一个步骤。

在下一个示例(专栏 3.2)中,我们将看到一项研究,该研究使用跟踪和追踪方法收集数据，与采用诠释主义方法的研究有关，并将网络数据与访谈相结合。这凸显了跟踪和追踪方法的灵活性，并提出了在设计数据收集时需要考虑的伦理问题。

**专栏 3.2 使用跟踪和追踪方法的诠释主义研究的数据收集设计**

贝琳达(Belinda)是一名兼职硕士研究生，现在正从事食品零售行业的工作。在本科期间，她在当地一家小酒馆做前台工作，并对酒店行业的工作产生了兴趣。她想用研究生研究项目来调查餐厅厨师和他们的团队(是谁)的职业身份及文化(是什么)。基于她在当地餐厅的工作经历和目前的职位，她知道网上有一些在该行业工作的人员所写的匿名资料，她也有一些在餐厅厨房工作的个人的联系方式。由于目前还不清楚贝琳达能招募多少人参加她的研究——因为潜在访谈者需要工作非常长的时间，所以她的导师建议她可以将访谈与网络数据结合起来。

聚焦于网上的材料，贝琳达找到了许多目前在厨房工作的人员所写的博客(在哪里)。她从自己在该行业的工作中了解到存在一些这样的博客，于是通过互联网搜索引擎，使用已经确定的博客关键词，发现了更多这样的博客。其中大多数都是匿名的，因为博主们提供了在一些知名餐厅工作的内幕(这些内幕并不总是很讨人喜欢的)。这引起了伦理问题(见下文关于伦理的部分)，贝琳达必须在网站和访谈数据收集的设计中解决这个问题，其中的关键问题是保护参与者的匿名性和确保他们数据的保密性。出于道德

**(续表)**

| |
|---|
| 的目的,博客的作者被视为被试。<br>在与导师讨论之后,贝琳达发现了一些与在英国餐馆工作有关的博客。她决定使用已有的在线博客文章(通过追踪确定),并将跟踪未来6个月发布到博客上的其他材料。这是依据兼职硕士学位项目的时间跨度来决定的。<br>在某些情况下,博客允许浏览者注册以便在新的博客文章出现在网上时收到电子邮件通知。其他链接到Twitter账号的文章可以用相同方式提醒关注者。贝琳达使用这些方法的组合去跟踪所选博客上的新帖子。她专门为研究项目开设了一个电子邮件和Twitter账号,它们还可以退回一些提醒信息。 |

在下一个示例(专栏3.3)中,我们将研究如何为采用批判主义方法的研究设计进行数据收集。这是一个企业网站的单案例研究,通过在数据收集设计中包括可视化数据和文本数据,突出了网站固有的多模式特征。

| 专栏3.3　使用跟踪和追踪方法的批判主义研究的数据收集设计 |
|---|
| 卡拉(Carla)是一名兼职硕士研究生,她也在公共关系领域工作。她对管理沟通这个话题很感兴趣,并想看看企业网站是如何用于灾难沟通的。在阅读了该领域既使用可视化数据也使用文本 |

**(续表)**

数据的一些重要管理研究论文以后,她选择了一个企业网站,这反映了她将其概念化为一种互动和视觉交流的工具。

她读过一些关于英国石油公司(BP)深水地平线(deepwater horizon)环境灾难的学术论文,她的想法是找到另一个经历过类似具有挑战性公关事件的企业案例,案例中最好包括企业的不当行为。这反映了批判性管理研究方法。她的研究重点是企业网站的叙事能力,以及通过叙事(是什么)如何激发企业力量。

卡拉还找出了网站上与灾难有关的所有页面,包括图片。因为她想跟踪网站的任何更改信息或补充信息,她设置了一系列警示信息(使用一个专有的网站跟踪工具),该工具会通知网站的任何更改。

在使用互联网搜索引擎找出可能的公司灾难案例之后,卡拉与她的导师讨论了一个候选名单。他们认为每一个都是卡拉项目的可能案例研究对象。他们的讨论基于对相关网站、网站的多模式程度以及在线企业材料与灾难相关程度的考虑,包括对网站更新频率的考虑。他们考虑了将有关灾难的社交媒体数据纳入其中的可能性,但又认为这可能会扩大项目范围,以至于超出规定时间跨度可以实现的范围。

一旦他们决定了合适的企业案例研究(是谁),卡拉就会改进数据收集的设计。由于灾难是最近才发生的,她预计在接下来的几周内会有更多的材料添加到公司网站上(在哪里)。因此,她采用了跟踪和追踪的综合方法。她跟踪发现了公司网站的主页,这

(续表)

| 可以视为特定灾难故事的起点(Kassinis and Panayiotou, 2017),其功能"就像一本杂志的首页……为接下来的内容[提供]了一个强大的,但不是强制性的解释框架"(Pablo and Hardy, 2009:826)。 |
| --- |

这些案例展示了跟踪和追踪方法可以作为数据收集的途径,采用了单独形式或组合形式,或者单独与其他方法(如访谈)相结合,用于解决研究问题。

数据收集设计的最后一部分是选择项目的数字数据来源。在上面的案例中,我们已经确定了每位学生最能解决研究问题的数据源。这一过程包括最初使用互联网搜索引擎浏览网页,收集一些广泛的相关材料,然后基于对项目可行时间、来源的性质和方式,以及是否需要更新或更改等事项的考虑,对这些材料进行改进,以确定具体来源。

## 3.5 数据选择和抽样策略

一旦研究人员决定了他们的数据,从广义上说,他们就已经解决了上述案例中"是什么""是谁"和"在哪里"等问题,接下来需要决定如何从全部材料中筛选出潜在可用的数据。例如,格洛泽等人(Glozer et al., 2019)在一项关于组织合法性的研究中,为选择公开的 Facebook 网页数据作为社交媒体的焦点提供了合理的理由。选择 Facebook 是基于其规模(超过 19.4 亿月活跃用户;Facebook, 2017),与这个"社交网络"的高频率互动……丰富的文本线索(例如"喜欢""分享"),以及"不限制帖子的字数"(Glozer et al., 2019:630)。我们将在第 5 章更详细地讨论数据筛选。

正如这个案例所说明的,互联网数据的优势之一是通常有很多选择。因此,在这种情况下的挑战是制定一个适当的抽样策略。这是整个研究设计的一个重要部分,因为它为数据筛选提供了理论基础,并通过一定方式为阅读研究报告的读者(包括那些可能希望复制或扩展它的研究人员)提供了一定程度的透明度。

Boland(2016)提供了一个数据筛选和抽样策略的例子,该研究着眼于为失业的求职者提供建议的英国网站。在该研究中,其所选中的网站在谷歌搜索页面排名中名次很靠前,平均排名是前 6 位(Boland, 2016:340)。阅读每个网站的材料可以让作者确定他们什么时候达到了"饱和样本"。换句话说,他们使用了数据饱和的概念,即当其他网站没有产生新的信息时(作者所观察到的信息只是已获得信息的重复)。我们将在第 4 章的"分析前的准备"部分进一步讨论数据饱和的概念。

然而,在学术文献中,对于何时达到这种经验数据饱和没有一致的观点(Francis et al., 2010)。缺乏共识在很大程度上是因为,在定性研究中缺乏关于是什么构成了可信样本量的明确指导(Saunders and Townsend, 2018)。进一步的或另外的观点则是适当的样本量规模取决于就研究发现所作出的声明,以及是否将与其他类型数据相结合(例如专栏 3.2 中贝琳达的硕士研究项目,使用博客与访谈数据相结合)。这是学生从导师那里获得的建议,并且需要进行持续审查,例如,在数据质量方面进行持续审查。还有一种可能情形是一些数据来源在解决研究问题方面被证明不如预期的有用,扩大样本量成为一个潜在的解决方案。

## 3.6 选择数据筛选工具

在这一环节,研究人员可以决定是只使用跟踪或追踪方法[例如艾哈迈德的案例(专栏 3.1)],还是采用两者混合的方式[例如贝琳达的案例(专栏 3.2)和卡拉的案例(专栏 3.3)]。如果研究人员使用跟踪方法,那么设计的数据收集方式是从开始就及时捕捉发布在互联网上的新资料。换句话说,他们需要收集的数据在开始时还不存在,它们是在未来一段时间内被公布在互联网上的。如果研究人员使用追踪方法,那么设计的数据收集方式是在开始收集数据时捕捉已经发布在互联网上的资料。换句话说,他们需要收集的数据在开始时就已经存在,它们已经发布在互联网上了。

追踪使用特定的关键字搜索(例如,在专有的互联网搜索引擎上),在一个或多个网络资源中定位潜在的相关材料。这些来源可以是博客、新闻网站、Twitter、YouTube、论坛和其他平台,如 Mumsnet 和 Reddit。通常情况下,“通过追踪选择数据”这一步骤将涉及应用选择标准或抽样策略,用于对通过关键词搜索定下的材料进行一定范围的缩小，该内容将在第 5 章审查已发表的研究案例时进行进一步的详细讨论。跟踪使用一个或多个专有工具(例如谷歌警报)来跟踪与研究项目相关的，并且涉及特定主题的组织或群体、特定事件或概念。第 5 章将介绍使用该方法的已发表研究案例。

特别是在跟踪的情况下，研究人员很可能会以资料(链接)的形式创建访问，这些资料在被评估其相关性和纳入项目数据之前，需要被定向到一个电子邮件地址上。我们通常会建议创建一个基于网站的项目专属电子邮件账号[例如贝琳达的案例(专栏 3.2)]。该账号将充当警报和数据收集所得的其他网络资料的中央存储库。它还保护研究人员个人的或机构的电子邮件地址免于接收任何垃圾邮件，或者出现相关的安全问题。

## 3.7　伦理审查问题

在一般的定性研究情形中，伦理被宽泛地定义为从开始到发表和数据管理过程中，用于指导研究的道德原则或行为准则。主要关注的是在确保研究获得最大收益的同时，将实际或潜在伤害的风险降到最低。与收集互联网数据相关的伦理问题正在引起越来越多的关注，与访谈或焦点小组等更传统的数据收集方法相比，在最佳实践方面的立场不够明确，发展也不够完善。

我们这里的重点是标记研究人员可以从哪里获得专家指导，以及我们认为需要考虑的主要伦理问题是什么。通过这样做，我们认识到研究项目将在特定的情境下进行（通常在大学的商学院或管理学院的一个部门），其有自己的伦理准则和程序。这些应该是研究人员一直以来的出发点。也可能有适用的特殊专业指导方针。例如，一名在英国学习组织心理学的学生在研究中需要遵循英国心理学会(British Psychological Society，BPS)发布的《人类研究伦理规范》("Code of Human Research Ethics")。

除了一般的制度之外，还有来自不同社会科学视角和专业机构的专业材料，这些材料审查了互联网研究的伦理问题（或者其中的某些方面，例如社交媒体）。一些组织，包括BPS，已经发布了与互联网研究有关的具体指导方针，这些方针将有助于研究者考虑伦理问题。表3.2列出了关键的例子（来自英国的和国际的），并进行了简要描述。

**表3.2　互联网研究的专业指导**

| 撰写者 | 名　称 | 简要描述 |
|---|---|---|
| BPS | British Psychological Society (2017). *Ethics Guidelines for Internet-mediated Research*. Leicester: British Psychological Society | BPS是英国心理学和心理学家的代表机构。这一互联网媒体研究的专业指导是对《社会人类研究伦理规范》(BPS，2014)的补充和附加，以及首要的伦理和行为规范(BPS，2009) |
| 经济和社会研究理事会(Economic & Social Research Council，ESRC) | ESRC(2015). *ESRC Framework for Research Ethics*. Updated January 2015. Swindon: Economic & Social Research Council | ESRC是英国商业和管理研究领域的主要研究资助机构之一。它的一般伦理框架包括一部分互联网媒介研究。它确定了在这一领域，大学伦理委员会可能需要咨询独立专家，以获得他们对研究提案的指导 |

(续表)

| 撰写者 | 名 称 | 简要描述 |
| --- | --- | --- |
| 互联网研究人员协会(Association of Internet Researchers, AoIR) | Markham, A., and Buchanan, E. (2012). *Ethical Decision Making and Internet Research: Recommendations from the AOIR Ethics Committee (Version 2.0)*. Association of Internet Researchers | AoIR是为推动跨学科领域互联网研究成立的国际学术协会。它与BPS和ESRC的共同之处在于,它建议为互联网研究提供一种情境化的、持续的伦理评估方法 |
| 汤森和华莱士,阿伯丁大学(Townsend and Wallace, University of Aberdeen) | Townsend, L., and Wallace, C. (2016). *Social Media Research: A Guide to Ethics*. Aberdeen: University of Aberdeen | 本指南特别关注社交媒体研究中的伦理问题,是阿伯丁大学的研究人员在ESRC资助项目中开展的研究和研讨活动的成果。该指南由该领域的一些"关键思考者"共同制作完成,包括一个便利的决策树和案例研究示例 |

从这些不同的指导中提炼与伦理有关的通用指导方针,研究人员应该牢记以下几点。与互联网研究相关的伦理("数字伦理")仍然必须遵循适用于所有研究的基本原则,即确保研究是合理合法的(包括提出研究问题的研究计划书),确保参与者(和研究人员)免受伤害,并获得所有参与研究的人的知情同意。然而,使用定性的互联网数据提出了进一步的问题,因为这一领域的研究实践不如收集访谈数据那样成熟。正如我们所看到的(Whiting and Pritchard, 2017),有四个相互关联的争论:(1)互联网上什么是公共的,什么是私人的?(2)我们面对的是人类参与者吗?(3)我们需要获得知情同意吗?如

果需要,需要从谁那里获得?(4)我们应该对数据进行匿名化或归类处理吗?我们在考虑上述这些问题时,列出了在处理定性互联网研究伦理时需要考虑的关键问题。

使用定性互联网数据时的一个关键挑战是确定研究是否涉及人类参与者,因此要确定是否应该获得知情同意,如果需要,还应确定从谁那里获得知情同意。在专栏3.2的示例中,贝琳达在她的研究中所使用的博客的作者应该被视为人类参与者。她需要获得他们的知情同意,以便使用他们的博客文章作为数据,以及让他们选择是否作为受访者进一步参与她的研究,这同样需要他们的进一步知情同意。相比之下,艾哈迈德(专栏3.1)和卡拉(专栏3.3)利用公司网站设计的研究不会被视为涉及人类参与者,因为这些研究包含企业面向公众的资料,它们在作为数据使用时不需要征求企业的同意。确定采用人类参与者涉及决定我们是否能够区分人们在互联网上做了什么(发送电子邮件、上传照片、创建个人资料、评论在线媒体报道、撰写博客)和他们的真实人类身份。在这里,Schultze和Mason(2012)提倡的三部分测试非常有用。它要求研究人员考虑人们的投入程度(用户在其博客、Facebook简介、Twitter等上的虚拟表现与自我意识之间的关联)、研究中的互动/干预程度(研究人员积极地卷入在线资料和内容生成者的程度)和用户对隐私的预期。在这三个方面的评估越高,越有可能涉及人类参与,在这种情况下,应该寻求知情同意。

然而,关键的是,我们认为为上述两个案例研究寻求和获得伦理批准是必要的,因为只有通过研究拟用数据的性质和收集方法,学生(和伦理委员会)才能评估上述四个问题的答案。在评估什么是私人、什么是公共的问题上,早期使用定性互联网数据的研究很少提到伦理问题,因为网络资料往往被视为二手的或归档数据(Stablein, 2006)。公司网站已经被明确地视为可供分析的公共文件,就像印刷资料一样(例如,Coupland, 2005)。其他应用话语或语言技术分析网络数据的研究也很少提到公司网站的地位(Billig, 2001; Coupland and Brown, 2004; Pablo and Hardy, 2009; Perren and Jennings, 2005; Sillince and Brown, 2009; Singh and Point, 2006),尽管"公共"网络数据的伦理现在是一个关键的方法论辩论。关键问题是互联网不是一个单维的地点,它还包括空间,例如人们在在线论坛上分享特定经历的信息,使用论坛的人希望他们分享的信息是私人的(即使这些材料是公开的)。他们当然不会期望研究人员在没受到邀请、没有征得他们的同意,或者没有获得论坛网站所有者的同意的情况下,就获得这些信息。

我们认识到,与传统数据收集方法的伦理原则相比,项目主管和其他考虑学生申请项目伦理批准的人员可能对数字伦理不太熟悉。因此,对于学生来说,为伦理申请准备充足的时间是十分明智的,因为这可能需要更长的时间加以考虑和获得批准。由于关于这一主题的更多工作一直在持续发表中,例如,使用互联网数据和解决数字伦理的研究论文,所以我们也建议研究人员要熟悉并跟踪这一领域的最新成果。许多出版物不包括对伦理问题的详细考量,但是一旦研究确实面临特定挑战以及如何解决这些问题,这些工作将会非常有帮助。例如,伪装(cloaking)* 是一种通过巧妙地转换数据,以防止

* "cloaking",也被译为隐藏页、障眼法、伪装技术,是在 Web 服务器上使用一定的手段,对搜索引擎中的巡回机器人显示出与普通阅览者阅览内容不同的网页。为了提高在搜索引擎中的名次,利用该手法不自然地向网页输入大量关键字,使其不(转下页)

读者在搜索引擎上通过文本识别出原始站点的技术。这在文本分析方面是被质疑的(Whiting and Pritchard, 2017),但是 Glozer 等人(2019)描述了他们在出版物中使用了伪装技术,但关键在于他们没有用于分析他们的 Facebook 数据。因此,这可以被视为正在发展的领域中已被接受的实践案例。

## 3.8 设计数据管理

研究人员对欲收集的数据设计管理是一个被忽视的领域。正如我们前面所讨论的,对于定性的互联网数据,可能存在许多数据类型,包括文本和可视化数据,比起仅仅是访谈记录和文本管理,它所提出的挑战更大。关键是要预料到这一点,并计划如何存储和管理数据。需要考虑的一些因素有:以稳定的格式保存数据(特别是考虑到网络资料固有的临时性和互动性属性),维护数据安全,确保遵守适用的法律、法规和伦理要求,能够进行数据搜索、检索和分析,后续发表问题(无论是硕士论文,还是会议论文、书籍章节或期刊文章)。我们建议研究人员查看所在机构可以使用哪些数据管理系统。有些大学或个别院系有特定的计算机辅助定性数据分析软件(computer

(接上页)展现给普通用户,而是选择性地发给搜索引擎。大多数的搜索引擎都把这个手法看作不正当行为,对进行了 cloaking 的网站施以从目录中排除,或是大幅度降低排名等处置。由于搜索引擎方仅仅通过巡回机器人并不知道网站是否用了 cloaking,所以一般会对不自然地排列到名单前面的网站采取人为的检查等对策。——译者注

assisted qualitative data analysis software, CAQDAS)的使用许可证。尽管这些工具在市场上被认作用于分析的工具,但是它们也可以提供数据管理和组织机制,因为它们通常可以存储原始数据。

## 3.9 选择数据管理方法

十多年来,我们一直使用互联网数据从事研究,在此期间,可用的数据管理方法不断得到发展和增加。我们希望这一趋势能够持续下去,因此除了这里提到的外,学习新的软件解决方案也值得阐述一下。为高等教育提供调查数据分析的服务商 Achievability(n.d.)提供了一份可用的 CAQDAS 列表(截至 2019 年 7 月),包括 ATLAS. ti、AQUAD、Dedoose、MAXQDA、HyperRESEARCH、NVivo、QDA Miner、Tams Anayzler 和 Transana。我们重申一下,我们不建议任何特定的软件包。这些软件支持的数据格式各不相同,其中一些更适合于定性的互联网数据而非其他。因此,选择哪个软件取决于时间跨度、项目范畴和需求、所用的网络数据类型以及预算。我们并不全面的列表包括了一个免费的开源软件包(AQUAD),其他的都是专有软件。如果研究人员所属机构可以购买而研究人员单独购买可能很昂贵,后者值得考虑一下(我们建议查看是否有免费试用和/或学生版本)。大多数 CAQDAS 包都有在线教程(大学有可能提供相应的培训)。

某些互联网数据类型需要比其他数据类型更多的定制存储和管

理解决方案。例如，有专门的方法跟踪网站的变更情况，能够创建稳定的原始版本和变更版本的记录。这对数据稳定性是至关重要的研究项目非常有帮助。然而，如果搜集的数据主要是基于文本的材料，可以下载为 Word 文档或 PDF 形式（如年度报告），那么就不太需要复杂的软件来达到相同的结果。数据管理可能只需要一个有安全密码保护的计算机，在该计算机上使用标准的办公软件来存储资料。同样，如果数据来自企业网页材料，例如艾哈迈德的数据（专栏 3.1），研究人员就可以选择从网页上剪切和粘贴到 Word 文档中，通过创建页面的 PDF 或保存网页以供离线查看。这些方法可以创建一个获取资料当日的永久网页记录。网页数据本身通常是多模式的，这些方法还可以处理包含有限数量的可视化图像的数据，如照片、图表、图画或漫画，这些图像可能是数据的一部分（但不是焦点内容）。显然，研究人员首先需要决定这些图像是否成为数据集的一部分，如果是，再决定如何收集、管理和分析它们。

其他更独特的网络数据类型，如推文、Instagram 帖子和其他社交媒体形式，下载到 Word 文档中更有挑战性（我们已经尝试过了！）。优点是已经开发了 CAQDAS 包用于处理越来越庞大的定性互联网数据，在某些情况下这些 CAQDAS 包可以直接导入软件。例如，在我写这篇文章的时候（2020 年 7 月），最新的 Windows 版 NVivo 允许直接从 Facebook、Twitter 和 YouTube 导入网络数据。其他软件可能专注于特定形式的数据。例如，Transana 是专业的视频和音频数据软件，其专业版（2020 年 7 月）也允许导入并分析静态图像和文本，包括调研数据。研究人员需要根据可用软件的背景、能负担得起的软件以及数据管理和分析的需求，来决定适合项目的软件(如果有的话)。而且,无论建立了何种形式的数据管理,研究人员都需要保持与更广泛的 IT 规则有关的良好实践活动,例如,确保对工作的定期备份。

## 3.10 进行前测

关于定性互联网数据的一个最常见的误解是,它们"就在那里",在研究人员分析之前它们不需要任何处理。事实显然并非如此。因此,对数据的收集和管理进行前测是一个非常好的想法。前测规模需要与主体研究的规模成正比,时间要足够长,以便能够看到可能趋势。给出一个小提示,我们建议,如果研究人员计划收集三个月内的数据,那么运行至少一周的版本前测将是明智的做法。一旦研究人员开发出研究设计程序,它就需要一些实验来最终确定适当的工具集(Pritchard and Whiting, 2012a)。因此,前测的一个关键目标是,确保拟采用的收集工具能够真正获得解决研究问题所需的数据。这不仅要评估专有工具本身,还涉及研究人员将如何使用它们,例如,决定需要设置的搜索范围(例如,选择收集数据的语言和地区,报警频率和拟采用的搜索词)。在一定程度上,如果前测期间收集的数据解决了研究问题,那么这些数据可以被纳入主要研究数据集之中。但是,如果前测中生成的材料没有解决问题,那么这些数据就是无效数据。还有另外一种可能是生成了一些相关数据,但需要增加收集工具以大量补充额外数据,在这种情况下,相关材料可以作为主要研究数据的一部分，但较好的做法还是注意这些额外材料被收集时的日期。

举例来说，在关于工作年龄的项目中，我们检查了六个月内收集的网络数据，最初四周在谷歌报警和其他专有工具中进行了各种搜索词的前测。一部分搜索词来自文献，这使我们能够专注于与研究领域的可能关键主题相关的搜索词，另一部分来自我们在开发数据收集整体设计时对潜在相关网络材料的研究。我们试用了这些搜索词，并发布在我们的研究博客上（虽然没有收到任何反馈），评估了所产生的"点击率"数量、类型和传播，这成为前测的一部分。协议是前测的重要组成部分。在试用搜索词的过程中，我们开发了一种能够捕捉关键细节的协议，这让我们两人既可以独立各自使用，也可以在处理问题时共同合作使用。我们所寻求的是获得足够数据与足够聚焦于主题之间的平衡（广度和深度之间的平衡）。这意味着前测要运行足够长的时间，以便能够看到可能的趋势。在我们的案例中，正如上面所提及的，这一前测时间是四周。关于前测研究的全部细节请参阅 Pritchard 和 Whiting（2012a）。硕士研究项目的时间可能有限，因此我们建议在使用定性互联网数据时要有良好的规划，就像其他数据收集方法一样，如访谈或调查问卷。在第 4 章中我们介绍了如何进行前测研究的实际建议，并为没有充足时间进行数据收集的研究人员提供了指导。

进行前测时要记住的一个关键问题是，许多网络资源的短暂性和动态性。例如，我们在前测的过程中发现，收集网上报纸文章评论有一个最佳的时间点。如果在文章首次在线发表后过早地下载，那么可能只有很少的读者评论；发表时间过久，评论可能已被关闭或删除。在这种情况下，于发表后的3—10天下载，将是最大化数据效果方面的最佳结果(Pritchard and Whiting, 2012a, 2014)。前测为检测数据采集频率和时间的实践问题提供了很好的机会，也为更广泛的反馈、必要的审查和数据收集方法所有方面提供了很好的机会。

如果评估拟议的数据管理系统适用于研究，那么前测也为我们提供了评估机会(即该系统是否能保持数据的稳定形式，维持数据安全，是否符合各种法律和伦理要求，是否能进行数据的搜索、检索和分析，以及预测可能公布的数据)。它还包括掌握研究人员决定使用的任何CAQDAS包。在进行前测之前，研究人员很可能不知道每天会有多少“点击”被返回。他们的第一个任务就是审查，比如说，在前测的第一天或第一周确定如何处理数据，以及如何使用所选的数据管理系统。第一步是评估相关性，“点击”是否符合项目的范围？如果“否”，就放弃数据。如果“是”，那么要合并到项目数据。如果使用CAQDAS包，要将数据合并到项目软件数据库之中。如果数据类型是支持的，而且数据库允许直接导入(例如，NVivo允许直接导入特定类型的社交媒体数据)，那可能就是简单的上传工作。如果数据类型是不支持的，研究人员可能需要转换数据的格式，使其兼容。如果不使用CAQDAS包，研究人员需要将数据转换为稳定形式，并将其保存在一个文件夹中，以支持后续的数据搜索、检索和分析工作。

前测也提供了更慎重地考虑伦理问题的机会。我们发现，一旦在前测中实际处理数据，就能更好地了解项目中产生的数据形式，以及可能的伦理问题是什么。前测为我们的讨论提供了切实的基础(和数据示例)。对于研究人员和机构伦理委员会而言，很难提前预估这些问题。由于有关互联网研究的伦理考虑的专家意见和指南增多(见表 3.2 的例子),预估伦理问题会变得容易许多,但仍然存在问题。在我们的案例中,我们需要开发灵活的伦理准则,以便使我们能够对整个项目产生的数据提供应对措施。这意味着伦理是一个持续的过程,不是项目开始时的一次性确认,每个阶段都要进行伦理审查(Pritchard and Whiting, 2012a)。正如上述伦理部分所指出的,研究人员需要与他们机构的指导方针和程序合作,以确保遵守伦理准则,一旦前测结束就要完成审查。

总的来说,前测研究是决策过程中反思的好机会。反思项目如何运作,并作出必要的改变。与访谈不同的是,研究人员可以询问前测参与者对问题的反馈,在定性互联网数据研究中,研究人员更依赖于他们自己的反思,尽管对硕士研究生来说与导师讨论可能更有用。全面记录所做的事情和为什么作出某些选择,这对于撰写硕士研究论文的方法部分而言是无价的。细节和自反性使我们对第 6 章中讨论的证明和批判方法思考得更为周全。

## 3.11 进行主要研究

假设研究人员遵循了我们在本章概述的指南,包括执行和对前测研究的反思,那么进行主要研究在许多方面应该是相对直接的。大多数艰难的决定都已经作出,数据收集的细节和机制也经过了试验和测试。然而,值得注意的是,即使已经进行了前测,研究人员也不太可能实现一个“完美的”定性互联网研究设计。更有可能的是,他们已经确定一个可行的方法以推进研究项目的其余部分。包括建立定期检查和可以与导师审查并讨论进展情况的检查点,以确保可以根据需要对产生的问题重新予以考虑和解决。

一个关键问题与确定何时收集了足够的数据有关(请参阅关于样本量大小的论述)。从实践角度来看,许多硕士研究项目都有时间计划表,防止延长数据收集时间,以便让研究人员有充足的时间分析数据和撰写论文。然而,定性互联网研究的一个优势是数据收集是持续的,而且在很大程度上是自动化的。一旦下载了第一批数据,分析工作就可以开始了。在不涉及研究人员更多工作(如访谈)的情况下,收集数据的周期可以延长,以便收集和分析可以在必要时同时进行。

## 3.12 数据管理和分析准备

本书的讨论范围集中在数据收集上。然而,我们理解数据分析是任何研究项目的关键阶段,所以在这里我们为定性互联网数据管理提出了一些指导建议,以便为后续的分析作好准备。虽然研究人员需要快速阅读警告等产生的材料以评估相关性,但通常在前测研究中很少有余地分析这些初始数据。前测的一个关键目标是确保数据管理结构到位,使得研究人员能够搜索、检索和分析数据。在主要研究中,如果研究人员沿着前面讨论的路线建立了结构和系统,数据管理应该是容易维护的。挑战在于,研究人员现在需要处理大量的数据，这些数据在进行分析之前需要进行转换。这在不同类型的定性研究中很常见(Richards，2009)。定性互联网研究也不例外，尽管所需的步骤和转换有所不同，比如说，与访谈或调查研究的步骤不同。

在所有情况下，原始数据都被转化为研究格式，在对其进行分析之前需要对其进行管理。前测研究可以帮助研究人员开发一个合适的数据管理系统(保持数据稳定形式，维护数据安全性，符合各种法律和伦理要求，能够进行数据搜索、检索和分析)。根据数据的类型和数量、预算和时间限制，管理系统可能涉及 CAQDAS 包，或者仅限于在有安全密码保护的计算机上使用标准办公软件。无论在哪种情形下，关键目的都是让数据分析变得更容易。这包括识别数据格式，并根据理论和经验概念来评估数据，以一种既解决研究问题，又同时对知识有所贡献和对研究主题有所理解的方式。因此，管理系统需要能够适应数据的搜索(可能有多种格式)和记录分析的不同阶段，包括研究人员生成的注释和编码。如果不使用专业软件，那么很可能将数据记录到电子表格中，为不同的数据格式或案例设置(电子)文件夹结构，并使用不同颜色的高亮进行编码。

定性分析有许多不同的方法。有些与特定的研究哲学相一致(例如，语义分析与社会建构主义观点相一致)。有些(如专题分析)是灵活的，可以用于各种不同的认识论和本体论立场。但在所有情况下，分析都是一个漫长的迭代过程，包括许多阶段，通过数据管理系统保存良好的记录将使后续的论文写作容易许多。作为整体数据管理的一部分，研究人员应保留数据分析的研究日志(research diary)，让他们可以在研究过程的每个阶段捕捉对数据的想法。记录研究人员观察到的数据格式，它们如何组合在一起，它们如何与现有的理论、概念和实证工作建立联系，以及它们如何解决项目研究问题，是分析过程的关键部分。一个良好的数据管理系统将有助于研究人员记录这些工作并找到示例数据，这对撰写论文而言非常宝贵。

## 3.13　本章小结

在本章中，我们完成了如下内容：

- 设定了跟踪和追踪方法的基本组成部分；
- 提供了在使用跟踪和追踪方法准备和收集定性数字数据的每个阶段所需的细节；
- 强调了对定性互联网数据伦理问题的考虑；
- 解释了开展前测研究的重要性。

我们已经用我们自己的研究和虚构的学生项目案例对这些阶段进行了说明。我们还交叉引用了第 5 章中详细的现有研究内容作为使用这些方法的示例。我们的目的是指出每个阶段需要考虑的关键问题。在接下来的一章中，因为研究人员开始致力于收集在线研究数据的实践，所以我们将提供更为详细的指导建议。

# 4 实施在线研究

## 4.1 引言

本章为收集在线数据提供了指导。不管是使用跟踪还是追踪或者两者结合起来使用，我们首先关注研究的实用性，并解决可能遇到的问题。在回顾与收集在线数据相关的许多实际问题之后，我们进而考虑与在线研究相关的更复杂的因素。

本章讨论了以下主题：

- 持续聚焦研究问题；
- 前测实践；
- 管理工具和技术；
- 数据集的确定；
- 平衡行动：机会 vs.不可抗力(overwhelming)；
- 分析前的准备。

## 4.2 持续聚焦研究问题

与所有类型的研究项目一样，明确调查目的和目标非常重要。在上一章的开头，我们介绍了设计研究问题的过程。在这里，我们讨论在数据收集过程中监测和修改研究问题的操作实践。

### 4.2.1 确认研究问题

在任何研究开始时，都要有对提出的研究问题进行测试和质疑的过程。最常见的方法有：

- 与研究合作者或导师展开讨论；
- 审查研究计划；
- 对比文献。

这些方法中的任何一个（或全部）都能为研究的实践方面提供有用的反馈。然而，在在线研究中也可以有一个虚拟的测试和质疑。虽然采取哪种方法取决于实际研究重点，但一种常见的方法是对研究问题进行一般性的网络搜索，或者全部搜索，或者将问题分解为关键组成部分。第 2 章和第 3 章的案例都强调了进行这一过程的不同方法。下面我们重点讨论前面的案例，并对其进行更详细的分析。

在第 2 章（专栏 2.1）中，我们介绍了米娅的案例以及她对多样性和社交媒体的研究。如果我们以米娅的研究问题（探索英国金融机构如何利用社交媒体传达它们对多元化的承诺）为例，并简单地进行谷歌搜索，突出显示来自英格兰银行（Bank of England）、建筑协会（Building Societies Association）和英国银行家协会（British Bankers Association）等参与者的许多有用信息来源。虽然等待和观察这些资料是否成为数据集一部分的做法很有诱惑力，但是在测试和质疑过程中使用相关的情境信息很重要。这有助于确保研究问题以有意义的方式瞄准待探索领域的主题。因此，阅读已经公开的与研究主题相关的背景材料可以很好地理解不同主题的构架方式，并熟悉现实从业者的语言。

相应地，人们越来越认识到所谓“灰色文献”（grey literature）对构建研究项目的重要性（Adams et al., 2017）。灰色文献是指未在商业上发表或未接受最严格学术标准审核的资料。它包括私人、公共和第三方部门等多种类型组织所编制的报告和文件。而在以前获得此类资料信息需要与组织和实物产品进行直接接触，现在这类资料能够通过网络大量获得。如前所述，这有可能会使研究人员陷入困境，因为他们需要决定这些资料是否能够成为文献综述的一部分或者仅标注为网络数据。这一决定取决于特定研究问题的研究方法和研究重点。事实上，在多数情况下不会有确切答案，因此在研究过程中确保理论基础的发展和持续应用是很重要的。鉴于许多领域对灰色文献的关注和咨询呈现上升趋势，所以在确定方法时，了解与该主题相关的最新论争是重要的（Adams et al., 2017）。

一旦确定参数并进行了初步搜索，就需要选择用于提供测试和质疑的材料。同样，开展这项工作的方式由调查涉及的特定研究主题决定。然而，也需要考虑以下因素：

- 与主题相关的关键参与者（key actors）。在米娅的案例（以及

第 2 章)中,显而易见,银行机构和监管机构能提供非常有用的研究视角。在贝琳达的案例(第 3 章)中,她有可能想要考虑与厨房工作健康和安全规定有关的组织。

- 识别并讨论主要参与者的其他视角(alternative perspectives)。在米娅的案例中,多查看相关的多样性活动(如 Stonewall)很可能发现一些有用的研究视角。

与所有研究相同,阅读一些具有相似研究方法的期刊论文和实证研究,即使研究主题不同,也可以为这一阶段的研究提供有用的见解。我们将在第 5 章进一步介绍案例的细节。根据研究项目的背景,在这一阶段中咨询包括任何研究资助组织在内的关键利益相关者同样是重要的。

### 4.2.2 监测和修订研究问题

虽然在开始数据收集之前对研究问题进行回顾提供了一种相对完整的测试和质疑方法,但在数据收集过程中持续这项工作更为困难。在在线研究的情形中尤其如此。在许多定性研究方法中,研究人员在共享数据集的构建过程中直接与参与者互动。这为在研究过程中不断反思研究问题提供了空间。在第 1 章和第 2 章提供了关于自反性的概述,与任何定性研究工作一样,在研究过程的各个阶段都考虑自反性的所有方法。

在本书所阐述的追踪和跟踪过程中,重点是大量收集以各种形式发布在网上的资料。事实上其中一些资料会采用对话方式(dialogic form),例如:

- 在线讨论论坛中个人之间的交流。
- 在社交媒体(如 Twitter)上发展评论线索(threads of moments)的各种方式,其中可能包括可视化回应,如 meme*(Milner,2016)。
- 在线媒体和社交媒体(如 Twitter)的正文下评论(以及评论中的评论)。

正如第 2 章所强调的,我们认识到研究人员更直接地使用了一些方法,如网络民族志(Hine,2008)或网络志(Kozinets et al.,2014),这些方法重点关注特定的在线社区。Kozinets 等人(2014:266)认为网络志研究"需要对社区进行初步和深入的文化理解"。然而,在追踪和跟踪中,研究人员通常将自身从特定社区移除,并对在线活动采取观察者视角。这意味着必须积极保持持续的自我反省过程,以确保研究问题的聚焦性和相关性。

这一过程可以通过多种方式实现,包括:

- 记录研究日志,以便在数据收集过程中进行自反性记录。可以使用私人博客。
- 对收集的材料进行"快照"审查。根据数据收集的形式,随机选择十个样本数据或一整天的数据集。把这些数据当作提示,记录其最初的反应以及这些数据与研究问题相关联的方式。定期重复此过程可以起到监控和调整搜索过程的作用。
- 参加研讨会或科研培训(research training),分享研究成果或听取他人的意见,并将这些经验反馈在研究问题上。

---

* "meme"是一个网络流行语,是指在同一种文化氛围中,人与人之间传播的思想、行为或者风格。译为"模因""迷因"等,但通常被直接称为"meme"。——译者注

在许多定性研究中，研究问题不是一开始就完全固定的，而是在数据收集过程中逐步推进的。重要的是，这一推进过程要尽可能地采用自反式管理方式。即在所收集数据和原始研究问题之间，不断思考是否需要更改或调整研究问题、数据收集方法，或者两者兼而有之。收集在线数据诸多方法的优点之一即相对容易调整或修订，例如，可以添加更多搜索词或者扩大所需考虑数据来源的范围。

## 4.3 前测实践

正如我们在其他地方所讨论的(Pritchard and Whiting，2012a)，定性研究文献中很少深入讨论前测试验。虽然在学术研讨会和会议发言中对这一问题有更公开的讨论，但研究过程中的许多探索性尝试和验证过程仍然隐藏在人们的视线之外。那些能够与其他定性研究人员交流的人，往往能够深入了解影响实证研究的错误开始、阻碍、重新校准和意外事件，从而挖掘卓越的洞见。典型地，就像Denzin 和 Lincoln(1994:201)将这一过程描述为“舞蹈前的热身和舞蹈后的放松”一样。

如第 3 章所述，定义前测参数很重要。要在时间和资源的经常性约束下确定前测试验范围内的测试宽度和广度。通过关键研究步骤回顾，并使用 RAG 法或红绿灯法标注评估，可以帮助决定聚焦于哪些要素。例如，可以应用下列判定标准：

- 对本阶段的体验评价如何？

- 本阶段采用工具的可靠性如何?
- 本阶段对整个研究项目的重要性如何?
- 重复或纠正本阶段的容易程度如何?
- 现有方法论对本阶段的指导程度如何?

如第 3 章所述,一旦确定了前测参数,就应该制定一个关于如何进行前测的明确实验计划。需要包括如何评估结果。对于在线研究,前测通常使用的搜索程序是跟踪或追踪。一般说来,这涉及一系列限定性“操作”(dry runs)。追踪方法回顾焦点问题的特征比以未来为导向的跟踪方法更加直接。在跟踪研究中,特别是如果研究设计是跟踪预期或计划事件,那么预测数据可能产生的方式或地点并不容易。而且在前测中找到一个可替代的或相关事件也很困难。在这种情况下,密切监控实时数据收集的第一天是非常重要的。

此外,识别任何在研究设计中需要测试的高风险问题或困难方面同样重要。例如,如果在短时间内计划收集特定的、有时间限制的一次性事件(如年度报告),那么前测就要在相似的时间框内完成一个测试。在某些情况下,可以使用相似的前测事件作为前测案例研究。例如,为了研究社交媒体营销与体育赛事(如国际足联女子世界杯)的联系和适应方式,可能会在前测期间使用追踪方法挖掘以往赛事。

通过在线研究,前测还要评估技术设备如何塑造以及影响数据收集。这一问题将在管理工具和技术的章节中深入讨论。但是,在前测期间,尽可能复制主要研究方法是非常重要的。当谷歌搜索成为跟踪和追踪方法的组成部分时,需要意识到搜索位置在决定搜索结果中的重要作用。这意味着，如果搜索词输入的是法语，但是 IP 地址位于威尔士，那么搜索结果将以英文（不是威尔士文或法文）为该位置链接的优先级。了解对所选工具的调整和设置方法是前测过程的关键组成部分。

虽然进行前测自然是很重要的，但是如何评估结果将影响进一步研究的走向。在定性研究开始时，人们通常担心我们可能无法获得足够丰富的数据。在众多方法中，前测往往能够确保获得足够多的高质量数据的信心。因此，数量和质量都是要考虑的重要标准，这些评估受到所收集数据的类型和分析这些数据方法的影响。

然而，使用在线研究方法，对考虑如何处理过多的数据以及实际上需要什么尤为重要，尤其对于像硕士论文这种个人的且时间有限的研究项目来说。前测可以提醒研究人员与处理大量数据相关的可能挑战，而且还可以让研究人员有时间寻找解决这些问题的不同策略。

重要的是记住所有研究都存在局限性，研究所有问题是不可能的，而且为数据收集设定明确边界对项目的成功至关重要。在这一阶段，写下未来研究方向的界限、关于这些问题的决定，以及解决方式对研究结果产生影响的方式，都十分重要。在线定性数据收集中的关键决策通常涉及：

- 数据类型；
- 数据来源；
- 数据变量（如语言和起源国）；
- 数据收集时间框（包括数据收集的长度和在此时间跨度内的采样频率）；

● 使用平台。

在本章的后面部分,当需要进一步限制或扩展数据集时,我们将进一步反思或重新制定这些决策。

前测试验还提供了思考如何实际处理数据的机会,这需要设计和测试一套数据管理协议。根据数据类型和分析计划的不同,处理数据的具体细节会有所差异,但大多数都包括在管理协议中。在前测范围内,尽可能使用预期的数据来源和数据类型进行测试,这有助于确保数据收集是完整的并且记录的是元数据。跟踪和追踪中的元数据包括与特定线上来源相关的标识信息(如 URL)、发布日期(以及可能的更新日期)、与数据源相关的作者或原始数据(以及如图像这种元素信息)。图 4.1 提供了一个标记示例(来自我们自己的博客),其中显示了可能感兴趣的元数据,表 4.1 给出了获得这些元数据的方法案例。

**图 4.1 数据来源示例**

**表 4.1　记录数据来源示例**

| 数据参考,包括识别/下载参考 | 来源类型和 URL 或类似文件 | 项目详细信息日志 | 项目内容和数据存储 |
| --- | --- | --- | --- |
| 0001(唯一参考)<br>来源:谷歌<br>记录于 2019 年 10月14日10点40分,工作电脑<br>下载时间:同一时间 | 博客文章:<br>Ageatwork.wordpress.com | 标题:<br>新方法书籍正在出版<br>作者:<br>Katrina Pritchard<br>出版日期:2019 年 10 月 14 日 | 博客文章的文本(18 行)<br>无其他数据被下载<br>存储:项目 USB |

如果无法对数据分析过程进行全面的前测试验,则以下问题将为以纸质为基础的审核提供有用的提示:

- 我发现了什么:数据来源的详细信息,还有其他的识别信息吗?
- 我是如何发现这一点的:识别过程(如果使用了多种收集策略或采用了额外的滚雪球策略,这一点尤为重要)。
- 这些数据是什么样的:对数据的描述是什么?
- 有哪些要素:还有哪些要素构成分析的基础?
- 有什么是我不打算收集的:比如,决定不下载嵌入式广告。

基于前面的示例,图 4.2 和表 4.2 显示了如何在扩展的数据日志中捕获这些附加信息。请注意,为了便于演示,图 4.1 和表 4.1 中已删除了早期信息。但是,我们建议使用完整详细的日志。

在我们自己的研究(Pritchard and Whiting, 2012a)中,我们思考了前测试验的关键挑战。首先,在研究程序早期阶段,可能会遇到一些问题,这些问题在后续阶段由于研究者有了更多的经验,可能根本不被称为问题。这些问题可能导致研究延迟,这时需要向导师或

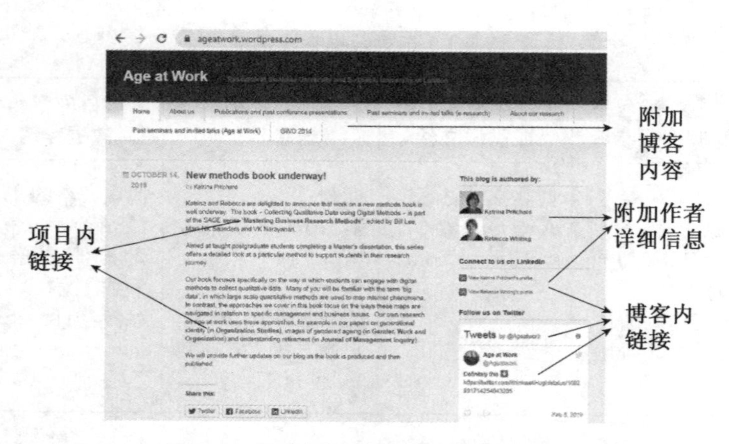


**图 4.2　所注释的附加信息的来源示例**

**表 4.2　数据源示例的附加记录**

| 数据参考，包括识别/下载参考 | 完整日志来源 | 项目完整日志 | 注　　释 |
|---|---|---|---|
| 0001(唯一参考)<br>来源：谷歌<br>记录于 2019 年 10月14日10点40分，工作电脑<br>下载时间：同一时间 | WordPress 博客包含 6 个表格、滚动博客帖子和侧栏<br>其他选项卡未被审查<br>侧边栏包含作者图像(未下载)<br>侧边栏链接：作者领英简介(未审核)<br>Twitter 账号 @ageatwork(未审核)。嵌入推文 | 博客文章的文本(18 行)。没有嵌入图像或其他媒体四个嵌入式链接，均已审核并逐项列出，请参见数据项：<br>0002<br>0003<br>0004<br>0005 | 博客文章是一篇新闻类文章，由四个短段落组成。嵌入式链接已作为单独的数据项进行审查和下载。无需额外跟进 |

同事寻求帮助以获得宝贵建议。事实上，利用前测开发“解决问题”的方法与利用前测“解决问题”同样具有价值。其次，识别研究程序已经进行得“足够好”是十分重要的。不会有完美的研究程序，尤其

是在特定时间框内工作时，前测阶段拖延太久可能意味着后期分析阶段的时间不足，从而损害整体研究结果。然而，前测的前瞻性思维对“未来研究的发展进行反思”提供了一个宝贵的机会（Pritchard and Whiting, 2012a:350）。

## 4.4 管理工具和技术

与管理工具和技术相关的问题，因研究项目的具体情况和所涉及不同技术的经验水平而存在广泛差异。在某种程度上，所采用的工具和技术将取决于研究项目的重点。探索以往发表的研究有助于了解管理工具和技术发展趋势。然而，在研究不同工具的优缺点时，如成本、可访问性和技能水平等这些现实因素很重要。现在有许多关于各种平台的（在线）评论可用于在线研究、方案评估，以及搜索工具评估（下面介绍了一个案例）。

正如我们在本书其他地方所强调的，用于数据收集的工具和技术并不是中立的。相反，它们决定了数据的形式。在这里，我们不打算研究各种平台算法，但正如Pearce等人（2018）深入探讨的那样，要注意仔细考虑平台选择的影响的重要性。需要牢记，在线数据的创建和访问方式是持续不断演变的。Pritchard（2020）的研究需要收集与当代工作概念相关的图像。她主要使用了谷歌图片搜索（Google image search），在过去五年中，她注意到搜索结果的显示方式、过滤结果的选项，以及对相关图像的推荐每年都在变化。因此，审查（并注意)当前数据收集所使用的程序是真正重要的。

收集在线数据的另一个挑战是不断发展的可用工具和技术。与本书中提供的学生案例相同,重要的是将所选的技术类型与研究问题联系起来,例如:

- 米娅(专栏 2.1)通过主题选择 Twitter 和 Instagram;
- 雅各布(专栏 2.2)选择在线新闻(具体类型);
- 查莉(专栏 2.3)通过标签选择 Twitter;
- 亨尼(专栏 2.4)选择在线新闻;
- 阿尔文(专栏 2.5)采用社交媒体作为获取在线课程详情的门户;
- 格温(专栏 2.6)选择 Twitter 和 Instagram。

这些案例使用了成熟工具,因此对于硕士研究项目来说是可管理的。然而,重要的是要注意也可以考虑使用新的工具。例如,通过如 Periscope 这种 App 而迅速涌现的流媒体直播,为使用社会化媒体增加了一个新维度(Stewart and Littau, 2016)。此外,还有大量应用程序接口(API)提供了访问社交媒体数据的方法。它们通常以复杂的方式作为大数据项目的一部分在使用,但这些超出了本书的范围。

尤其重要的是需要记住,特别是在剑桥分析(Cambridge Analytica)公司和 Facebook 的丑闻之后(Atefeh and Khreich, 2015),数据的可访问性和使用正受到更严格的审查。由于 Facebook 的封闭状态,我们认为它是学术研究中最有问题的网站之一,尽管它在许多学术领域都很受欢迎(Stoycheff et al., 2017)。在其他社交媒体网站中,Twitter 被证明是最受欢迎的网站之一,然而各种研究都使用从其他在线媒体、博客和网站(如 Reddit 和 Mumsnet)访问得到的数据。

在以上内容中我们主要关注文本资料，然而，在线研究中可视化的重要性越来越被认识到(Miltner and Highfield, 2017)。在追踪和跟踪研究中，重点关注非参与性可视化研究，也就是说，图像不会引起研究人员的反应(Pritchard, 2020)。正因如此，Instagram 和 YouTube 等网站引起了在线研究的特别兴趣。然而，在线可视化是既有(pre-existing)可视化趋势和新兴(emerging)可视化趋势的复杂混合体，其中许多趋势本身是由技术促进的。selfie(自拍)、GIF(图形转换格式)和 meme 等术语(Miltner and Highfield, 2017)代表了新的可视化形式，同时数字操控技术正得到广泛使用。如果研究项目涉及可视化数据的收集，那么要重点考虑如何以及为什么收集各种不同形式的可视化数据。第 5 章提供了许多不同类型数据的示例。

对于那些有兴趣探索更多工具信息的研究人员，我们在专栏 4.1 中重点介绍了数字方法不同方面的资源。

**专栏 4.1　附加信息**

**爱墨瑞得(Emerald Publishing Guide)**：www.emeraldgrouppublishing.com/research/guides/management/digital_technology.htm。

这是一个介绍性网站，提供了一些关于研究人员在研究中使用社交媒体的通用指南。所讨论的社会科学内容更加广泛，回顾了数字技术改变研究的方式以及一系列资源链接。

**社交媒体数据管理(Social Media Data Stewardship)**：加拿大瑞尔森大学，https://socialmediadata.org/。

（续表）

该网站涵盖了一系列社交媒体，并特别关注伦理问题。有面向研究人员的数据收集、存储、分析、发布、共享和保存方面的具体资源。

**伦敦政治经济学院社交媒体研究指南：**https://blogs.lse.ac.uk/impactofsocialsciences/2019/06/18/using-twitter-as-a-data-source-an-overview-of-social-media-researchtools-2019/。

该网站定期更新，审查各种社交媒体的数据收集方法。总结了用于不同社交媒体网站和许多有用链接的工具。

以下学术论文对特定平台进行了完善的总结：

**Twitter：**

Mollett，A.，Moran，D.，and Dunleavy，P.（2011）. *Using Twitter in University Research*，*Teaching and Impact Activities*. Impact of Social Sciences：Maximizing the Impact of Academic Research. LSE Public Policy Group. London：London School of Economics and Political Science. This version available at：http://eprints.lse.ac.uk/38489/.

**Instagram：**

Highfield，T. and Leaver，T.（2016）. Instagrammatics and Digital Methods：Studying Visual Social Media，from Selfies and GIFs to Memes and Emoji. Communication Research and Practice，2(1)，47—62.

（续表）

| |
|---|
| **YouTube：**<br>Shifman，L.（2012）. An Anatomy of a YouTube Meme. *New Media & Society*，14(2)，187—203.<br>**综合：**<br>Snelson，C. L.（2016）. Qualitative and Mixed Methods Social Media Research：A Review of the Literature. *International Journal of Qualitative Methods*，15（1），https://doi. org/10. 1177/1609406915624574. |

除了学术研究，定制化定性在线研究（bespoke qualitative online research）市场也在蓬勃发展，尤其是在市场、消费者和舆论研究方面。这些产品大多价格昂贵，在学术环境中的应用也不够成熟。此外，其中许多工具有助于直接从参与者那里收集在线数据。然而，这些参与者并不是实时在线的，而是为研究项目的特定目的而招募的。因此，我们建议对此类产品采取谨慎态度。

综上所述，许多研究人员开始使用他们已经熟悉的工具进行在线研究也就不足为奇了。事实上，利用现有的社交媒体或电子邮件账号作为研究工具也很有吸引力，但这是需要仔细衡量的事情。使用个人账号的缺点之一是可能很难将其他工作甚至个人工作从研究项目中区分开来，而且与数据相关的体量可能会变得巨大。另一方面，管理来自一个账号的所有工作可能会产生个人偏好，许多人通过过滤工具帮助管理数据。无论使用何种账号，重要的是要考虑以前的设备或账号的使用是否会影响所承担的跟踪和追踪任务。建议在执行特定的数据收集任务之前,使用某些工具中可用的私有或匿名设置来清除浏览器数据。如果将警报或监视工具用作数据收集的一部分,那么重要的是要确保使用者了解搜索运行方式,以及在警报内部其可能塑造数据来源的方式。最流行的工具之一是谷歌警报,它最适用于新闻来源和网页(如博客)的搜索,但是该工具不涵盖 Twitter 等社交媒体数据。前测试验工具是确保警报为研究项目提供有用内容的重要步骤。

从实践角度来看,个人数据和研究数据的安全性均需要仔细思考。我们在早期在线研究中,遭遇过几个兜售恶意软件的流氓网站(rogue websites),这促使我们相信自己的设备得到了充分保护。在这个问题上寻求专家的技术咨询十分重要。根据研究主题的不同,在线研究可能或多或少存在风险。最合适的行动方案是根据所使用的特定技术进行调整,确保设备得到安全软件的充分保护。

根据所使用的工具和研究方案,在任何访问中断的情况下,考虑研究将如何继续进行当然是重要的。服务中断可能会影响数据集,这时需要决定是否通过重新运行特定的搜索方案来填补一些漏洞。如果研究涉及一个特定的时间段或事件,那么重要的是事先考虑这个问题,并在前测方案中包括一个应急计划。

## 4.5 数据集的确定

定性数据通常由它们不是什么来定义:非数值型数据。质询定性数据是什么是一件更为复杂的事情,因为它也是动态的。我们最初可能会将通过调查工具从许多个体收集的定量数据与通过直接研究参与、访谈(Cassell, 2015)或焦点小组(Oates and Alevizou, 2017)从较少个体收集的定性数据进行比较。然而,这无法反映在线数据类型和在线来源的多样性,无论是对定量研究人员还是对定性研究人员来说都是如此。

就跟踪和追踪而言,正如我们在第1章中所讨论的,指的是在线收集的文本和可视化非数字数据。正如上一节关于工具和技术的讨论中所述,这些数据具有极大的可变性和多模式性(multi-modal)。在这里调用术语多模式性不仅意味着存在不同形式或类型的数据,而且意味着它们之间的关系是复杂的。在较小规模的研究项目中,通常需要关注特定模式,或者至少优先考虑一种模式与其他有限数量模式之间的关系。在更广泛的研究中——超出了学生论文的范围,有机会充分了解多模式的复杂性。然而,值得注意的是,正如我们在第5章中探讨的那样,商业和管理方面的在线学习一直是应对多模式挑战的先锋。

在进行跟踪和/或追踪研究时,很有可能遇到许多不同类型的数据。然而,这些数据的运转流动提出了进一步的挑战。在我们自己的研究中,经常在许多不同的在线网站和社交媒体上遇到相同的"故事"(通常是文本和可视化图像的结构)。在大多数情况下,确定来源相对简单,尤其是当这些来源可以追溯到组织发布的新闻稿或类似的公告时。我们的主题性质(工作年龄)以及我们对参与许多在线争论的关键参与者和组织的熟悉,都有助于确定数据来源。然而,即便如此熟悉,在社交媒体中首次出现几个月以后,人们仍然可能会惊讶于一个故事的突然重复，或者社交媒体上的一场讨论再度唤起。出现这种情况或许是因为网络媒体转载了历史新闻稿，也或者重新出现并分享之前的社交媒体帖子。这对研究项目的影响程度取决于所提出的研究问题如何定位时机和时间性。如果采用了事件焦点，那么确定收集的数据是否与事件的特定发生有关很可能十分重要。在其他研究中，引起在线讨论的离线事件的起源时间可能并不相关。

我们还注意到数据的消失。最常出现这种情况是在查看警报或搜索结果以及循着链接追踪数据来源时。有时来源已被移动、删除或更改。这仅仅是收集在线数据挑战的一部分，所以强调了我们审查内容的重要性，因为这是由所使用的特定工具确定的。

更深入的研究可能要将主题在不同在线媒体的流动考虑在内。这种流动包含定量和定性方面在内的故事和项目是如何在不同平台和媒体之间转换的，这样的元数据在研究项目开始之初便需要考虑在内。然而，这是一种更高级的方法，需要非常严格定义的研究问题，以及如何跟踪特定在线媒体的清晰策略。由于此类研究项目的超前性，我们不推荐将其用于硕士研究项目。

在第 2 章中，我们强调了在线研究中经常出现的真实性和伪造问题。在某些情况下，数据的发起者可能是特定的，并且可以通过用户名或标记清楚地识别出来。但是，这些在线身份本身可能无法追溯到某个特定个人。在其他情况下，数据提供者的身份可能（有意或无意地）被掩盖了。

在过去十年中，我们几乎所有的研究报告都提出了以下形式的问题：

你所收集的数据是真实的吗？当然，这只是人们在网上发布的"内容"，它们可能不是真实的。你经常不知道是谁或者为什么发布了一些内容。

从某一角度来看，我们认为这句话适用于定量和定性研究方法的所有范围。事实上，这是一场涉及各个学科学者长达多年的辩论，该辩论触及了认识论的核心。对于这个问题，我们在所有联合和独立研究项目中作出的回应是，我们对这个"内容"本身就很感兴趣，特别是对它告诉我们的有关社会建构过程的内容感兴趣。我们进一步建议，鉴于互联网和社交媒体在生活中的重要性，关注这些"内容"是必要的。

对这一问题的进一步解读是，一个研究项目涉及追踪研究的可持续性，类似于第2章中亨尼的案例。再例如，让我们假设一个研究项目的研究范围比亨尼关注的汽车行业更广泛，并且对不同类别的公司进行比较。在本例中，选择双层玻璃公司的案例进行前测研究，首先浏览的是双层玻璃公司网站。该网站包含了产品页面、能源效率声明、近年获奖业务的详细信息、公司新闻报道链接，以及来自满意客户的推荐信。网站中嵌入了文字、图像和视频等多种形式的内容，还引用了 Instagram、Facebook 和 Twitter 的账号信息。随着搜索范围的扩大，研究人员发现，该组织的双层玻璃广告和促销已经开始出现在他们自己的社交媒体上。这些功能信息是公司所提供产品的价格和销售优惠，而非网站长期关注的重点。在这种情况下，研究人员可能开始怀疑网站的持续性话题是否反映了组织真实情况。这种疑惑的方向取决于研究项目的本体论和认识论基础。对于后实证主义方法而言，这被视为针对不同信息和不同受众使用不同渠道的一种特殊方式。对于解释主义者来说，这可能导致对公司如何理解客户及其利益方式的验证，而更关键的项目可能会询问可持续性发展的论述结构和绿色生态的潜在影响。所有这些方法仍然将其视为数据。数据确实是混乱的，但在我们运用分析框架进行处理之前，几乎所有的数据都是凌乱的。

## 4.6 平衡行动：机会 vs.不可抗力

在线数据的丰富性对于从事跟踪和追踪研究的人来说具有关键的吸引力。然而，这种丰富性也可能证明存在问题。重要的是认识到，这种丰富性不仅仅是一个数量问题，尽管这可能是一个因素；而且，除此之外，在线数据的日益增加也意味着这种丰富性还是一种质量。

在我们的研究过程中，我们通常密切监控早期阶段的数据收集工作，定期浏览所收集的资料，并进行高级别审核。高级别审核有对所确定材料数量、主要特征和来源的概述。如上所述，该监控过程涉及对与研究问题相关数据的考虑。通过这些审核，我们可以决定调整数据收集程序或细化研究问题，或者两者兼而有之。在调整数据收集程序时，采用了两个关键标准：

- 调整是否会减少冗余数据数量？
- 调整是否会导致识别额外的相关数据？

无论何时调整数据收集程序,随后几天的数据收集将被密切监测以便查验结果。

在研究过程中,通常很难减少数据收集的规模。然而,重要的是,对于项目研究的可用资源,数据收集必须是可管理的。下面我们将讨论在准备分析时如何管理数据集,但在数据收集过程中有机会"实时"检查和修改数据集。管理的方式在很大程度上取决于研究重点,但对"需要的数据"而非"值得拥有的数据"进行简单区分是一个很好的开始。这种评估可以纳入前测,但往往需要一定规模以促进行动。用于数据筛选最常用的方法包括:

- 以受欢迎性(popularity)作为入选标准。当社交媒体上的帖子可以根据点赞或分享进行排名时,这一点尤其重要。
- 选择跨媒体类型的结构化样本(例如,从不同的社交媒体平台提取数据,根据不同网站的最新情况进行选择)。
- 基于使用的不同搜索词或标记选择结构化样本。

在第 5 章中,我们提供了几个在研究项目中应用不同策略的例子。总的来说,我们发现跟踪和追踪研究通常从相对广泛的搜索方案开始,主要是因为害怕有所遗漏。然而,在前测阶段和数据收集的早期阶段仔细审核可以帮助确定目标方案,以确保数据收集是有效的和可管理的。

然而,重要的是不要假设数据是丰富的。这可能是因为研究问题特别有针对性或涵盖了一个利基领域。在这些情况下,许多研究采用更广泛的搜索方法可能存在问题。就这一点来说,前测是必不可少的,但考虑到讨论话题在网上的传播方式,即使前测期间有效的方法也可能无法在更长的研究期间充分发挥作用。在这种情况下,使用在线滚雪球技术非常有用，可以跟踪最初确定的来源和链接，从而确定进一步的数据。这些类型的重点项目还可以在考虑和结合跟踪及追踪研究方法时提供更多形式的机会。

## 4.7 分析前的准备

对于一个定性研究项目来说，多少数据才是足够的数据，这个棘手问题总是很难回答。如果研究问题涉及一个特定事件或时间框，则在研究项目开始时可能已经确定明确的参数。事实上，考虑到本书的目标读者，很可能是以项目截止日期设定了数据收集的截止日期。然而，总是很难结束数据收集的工作，在跟踪和追踪等方法中更是如此，因为研究人员在访谈研究中可能会觉得自己不是一个积极的参与者(参见第 3 章中关于饱和度的早期讨论)。从这个意义上讲，重要的是确保跟踪和追踪的同时进行监测工作，并且在数据收集期间，使用图 4.1 和图 4.2 以及表 4.1 和表 4.2 中突出显示的日志源方法来审查自动搜索或警报过程。

这种监测能够回答研究问题进展并进行持续审核，因此对何时开始进行数据分析会作出更明确的判断。当然，自动在线搜索过程和工具的众多优势之一是这些通常可以留在后台运行。

然而，在某些时候，决定特定项目中所使用的数据集至关重要。这一决定取决于研究问题和分析方法，以及时间和能力等实际问题。例如，考虑到分析过程的复杂性，包含多模式数据的研究项目很可能需要关注较小的数据集。类似地,一项开始是在网上跟踪广泛观点的跟踪研究,如果所收集的数据量超出预期,则需要聚焦在更小数量数据上。上一节列出了数据收集过程中的聚焦方法。如第 3 章所述,持续审核数据以确定是否达到饱和是一些研究人员采用的另一种策略(Boland, 2016)。最终,所有这些决策往往涉及广度和深度之间的权衡,并将受益于一些"如果……"的分析来指导决策。在我们准备进行分析时,我们经常使用思维导图(mind-mapping)来帮助完成这些决策,以研究问题为中心,根据这些问题绘制可选数据集。然后可以在数据分析阶段审核这些参数,以便在初始参数证明有问题的情况下调整和微调数据集。

然而,一些作者(Breitbarth et al., 2010)建议在分析的初始阶段之前不要对数据集的大小进行任何调整。在此阶段,可以选择案例或数据子集进行进一步分析。明智的做法是参考相关领域的以往研究和适当的分析方法来为现阶段的工作提炼建议。无论选择哪种方法,重要的是要清楚地记录所作的决定以及这对结果数据集的影响。这种审核跟踪被认为是定性研究中质量判断的关键。强烈建议与导师或同行讨论并审核这个决策。

为分析作准备的工作取决于在收集期间处理数据的程度。在我们早期的研究中,我们采用了跟踪方法,收集了好几个月的数据。从一个明确定义的前测(Pritchard and Whiting, 2012a)开始,它不仅关注收集到的数据,还关注如何下载数据以及将记录什么样的元数据。当时,可供下载在线数据的工具很少,所以对于许多网络资源,我们只是简单地进行剪切和粘贴。在这个阶段早期得到的教训是,最初设计的模板是给每天的数据使用表格形式,后来的分析被证明是有问题的。实际上,我们必须做额外的工作来删除表格格式,以便能够继续进行分析。根据所选工具和技术(参见第3章和本章前面的内容),现在有许多自动下载数据程序的方式。这些方法都需要在前测设计中进行彻底的测试。

无论采取何种监测程序(见本章前文),在数据收集阶段结束时的第一步都是数据清理。人们很容易低估花费在这一工作上的时间和精力。收集已有资料的在线研究的优点之一正是它们以一种似乎易于分析的形式存在。然而,这通常需要进行大量工作,包括:

- 删除不相关或冗余资料:在我们最初关于工作年龄的研究中,有一项跟踪研究使用了“代际”(generation)和“工作”(work)这两个关键词,旨在探索不同代际群体在工作中的定位方式。然而,这些术语也返回了许多与新型汽车相关的项目,这些项目显然与我们的研究问题无关,因此得以忽略并没有收集。
- 处理重复资料:对于一些研究问题,重复项目是一种“噪声”,可以简单地删除。当然,这是最直接的行动方针,而且,当有严格的研究简报或时间表时,这是最务实的选择。然而,在一些项目中,重复项目可能对绘制讨论的传播图或跟踪故事或事件至关重要。尤其是(我们在研究中发现)当一个组织发布的新闻稿引发了一系列新闻报道时,这些报道可能出现在一系列正式媒体和非正式媒体上,并在社交媒体上进行宣传、分享和评论。然而,在许多研究中,原始在线项目是数据的关键项目,但可以通过捕捉与后续数据流动和共享相关的元数据获得数据支持,这些元数据在更广泛的数据集中尤其明显。

- 识别和记录数据项目的组成部分：在线数据的形式通常是多模式的、复杂的。这些形式因使用的平台和媒体而异，但是包括各种文本（包括标题、标签、副标题、其他来源的嵌入文本）和可视化形式（包括图表、信息图、照片、视频剪辑）。对于每个数据项目而言，如何处理链接也很重要。链接可以是嵌入的或只是作为相关来源列出。在一些研究中，这些链接可以是跟踪策略的一部分，或者作为增加数据的手段（见前文），再或者，也只是作为元数据的一种形式记录下来。

正如前面关于决定从数据集中包含或排除什么内容的讨论一样，在准备分析数据时重要的是要记录执行过程，以便有一个明确的审核跟踪。用研究问题作为这个过程的指导，探讨一个决定将如何以及在多大程度上影响在回答这个问题时能作出贡献的能力。例如，之前（在专栏 2.2 中）我们介绍了雅各布关于陪产假的研究，他在研究中提出以下问题：在媒体关于性别平等的讨论中，陪产假在多大程度上被呈现为一种积极的发展？雅各布面临的一个关键问题很可能是，他在数据集中保留了多少主要与产假有关的项目，尤其是那些可能只是附带提到陪产假的项目。在这种情况下，鉴于雅各布计划从他的数据中选择案例研究进行深入分析，保留那些很少提及陪产假的文章是没有意义的。在这里，雅各布可以设置一个他认为合适的比例，比如说，如果至少有 1/3 的内容与陪产假有关，那么他可以保留该项目。在这些例子中，实用主义的判断也很关键，特别是当研究项目有特定的截止日期和有限资源时。这时，与主管或导师一起讨论这些研究决策（research decisions）可能被证明是非常有帮助的。

我们建议，利用本书作为指导，对数据进行初步审查以确定分析前需要解决的具体问题是有益的。可以先准备一小部分数据，然后对这些数据进行分析，以审核该决策在研究项目后期的执行情况。与其他形式的定性研究一样，自反性始终是关键。毕竟，没有完美的研究项目，了解我们工作的局限性是研究过程中必不可少的一部分。

## 4.8 本章小结

在本章中，我们完成了如下内容：

- 探索了在项目进行过程中保持对研究问题聚焦的实用方法；
- 审核了与前测相关的实际问题；
- 探讨了有效管理工具和技术的方法；
- 提供了关于回答以下问题的建议：是这些数据吗？
- 讨论了如何平衡研究的体量；
- 概述了准备分析的程序。

与前一章提供的概述一起，这些主题为跟踪和追踪研究项目的挑战提供了指导。在下一章中，我们将继续回顾成功发布在线定性研究数据的现有研究实例。

# 5 使用数字方法进行定性数据收集的案例分享

## 5.1 引言

本章介绍在商业和管理研究的现有研究成果中收集定性数字型数据的各种方法。在本书中,我们根据自己的研究实践阐述了这里需要讨论的相关问题。我们还给出一些假设性的学生案例项目,以强调跟踪和追踪方法运作的不同方面。在本章中,我们特意选择了一系列研究,这些研究探索了管理学领域的不同主题,涉及各种形式的在线数据,而且这些研究项目采用了多种策略。

由于在线定性数据的使用仍然是一个新兴的研究领域,在我们所参考论文(包括本文所参考的论文和更广泛的论文)的方法论(methodological accounts)中有所体现。迄今为止,研究缺乏一个成型的实践知识库,很少有关注数据收集的方法指南。因此,研究实践多种多样,往往为适应所面临的挑战而进行创造性调整。鉴于此,我们建议对读者来说,重要的是广泛阅读一系列现有研究,而不是从一篇论文中"挑选"某一特定方法。事实上,我们的审核进一步发现,在已发表的论文叙述中很少能够给予足够的细节为其他人提供借鉴。这一观察的目的并不是对作者的批评。相反,在声誉良好的期刊上发表定性研究是一个挑战,由于这些期刊的字数限制通常导致总结性的方法论叙述,这种总结通常将更多的注意力放在数据分析而不是数据收集上。以 Höllerer 等人(2013)的研究报告为例,该报告描述了如何收集和分析来自 12 个不同组织的 37 份报告,并将其与企业社会责任的形象联系起来。这些报告可以通过多种方式获得,但由于附录中提供了每份报告的 URL,我们可能会假设这些报告作为在线搜索过程的成果从互联网下载而来。

与此相关的是,我们观察到通常用非常宽泛的术语描述数据收集的时间性,因此有时很难确定研究人员是否回顾了(通过追踪)前一个时期,或者(通过跟踪)在指定的日期、周或月实时收集了数据。当然,这是一个特别的特征,我们强调这一特征对理解本书所述的跟踪和追踪(见第 1 章)方法来说具有重要意义。正如我们所认为的,虽然这种区别在理论上是有用的,但在实践中,方法常常与以各种形式结合起来应用,在本章所回顾的案例中将看到这一点。

我们强调以上问题是因为这是一个相对较新的研究领域,所以常常要适应实时的研究挑战。毫不意外,在所回顾的研究中,出现了一系列反应。特别是,账号聚焦于管理大量数据的挑战,无论是预期数据还是实际数据。在某些研究中,我们发现收集数据的时间范围相对较小。这里的假设是,限制数据收集的时间跨度有助于控制数据收集体量。同样,由于互联网资料(另见第 1 章)的动态性和短暂性特征,有限的时间跨度使得数据集更容易被“调整”。然而,制定时间框架的理由常常是不清楚的。说明如何选定日期,特别是如果日期与研究主题相关事件有联系，则可以帮助读者理解时间框架与研究任务相关的原因和途径。我们发现，研究人员还使用其他标准，如组织类型作为管理数据收集规模的手段。在这些情况下，收集标准在与研究范围的关系方面通常有更明确的规定和背景。

另外，我们看到更宽泛的数据收集周期，结果往往是更大的数据集。在这里，正如下面的案例，在过渡到分析数据阶段以进行数据数量管理的过程中，我们看到了细化数据集的后续过程。或许可以理解为，在这一过程中经常采用定量标准。相比之下，在我们自己的研究（Whiting and Pritchard，2020）中，我们解释了如何使用话语事件（discursive event）的概念作为一种方法，用于从更长的（本案例中为150天）研究项目中提取较小数据集用于研究。话语事件可以被视为与重要事件相关的有界事件（bounded episode）（Hardy and Maguire，2010），它与一个重要的事件相关，数据收集可能围绕该事件展开，或者如同在我们的案例中，从更大的数据集中提取数据。我们使用了一份与退休有关的特别报告出版物作为考虑中的事件（Whiting and Pritchard，2020）。

在了解下面探索的例子时，另一个值得注意的点是研究人员在研究中处理伦理问题的各种方法。同样，这些在现有论文中并不总是完全被解释清楚。有时，在线数据收集被定位为次级数据（Ozdora-Aksak and Atakan-Duman，2015）。还有在其他案例中，研究人员表示他们的机构认为公共领域数据不在伦理审查范围内（Kelly et al.，2012）。在研究人员如何处理版权问题，特别是在研究出版物中的图像复制方面，也遇到了类似的多样性。

在使用前面章节中已经建立的框架时，我们首先探索那些与跟踪方法最接近的研究,然后再考虑追踪研究。我们承认,本章中部分小节内容是基于对作者研究方法描述的判断,这并不是研究本身使用的术语或分类。事实上,根据上述讨论,研究分组并不是一项简单的工作,尤其是因为跟踪和追踪并不是相互分离的术语,而是一系列方法。随后,在研究跟踪和追踪与其他数据收集方法(通常涉及与参与者直接互动的方法)相结合的研究之前,我们探索了采用这种数据收集方法的研究。自始至终,我们选择了一些案例,这些案例涵盖了更广泛的定性互联网数据类型,并特别强调了作者在其研究工作中遇到的挑战。

本章探讨了以下主题:

- 跟踪研究;
- 追踪研究;
- 跟踪和追踪联合作业;
- 跟踪和追踪与其他数据收集方法相结合。

## 5.2 跟踪研究

在本节中,我们提供了一些研究案例,这些研究在一系列主题和在线环境中应用了跟踪方法。作为研究主题,企业社会责任(CSR)一直是使用数字方法收集定性互联网数据的研究特别关注的主题。这是因为,这一主题以及与之密切相关的主题(如全球变暖和贫富差距)在网络媒体上非常流行。Ozdora-Aksak 和 Atakan-Duman(2015)

对土耳其银行开展企业社会责任活动的方式进行了研究，这一活动是为了支持和增强其获得更广泛的组织认同。在这项研究中，研究人员在四个月的时间里跟踪了土耳其八家最大的银行（按分行网络的规模划分），并从公司网站和社交媒体下载了数据，将其描述为次级数据。具体而言，他们从银行网站的信息栏中下载了文本："关于我们、历史、使命和愿景以及企业社会责任"（Ozdora-Aksak and Atakan-Duman，2015：122）。然而，尽管他们能够在银行的企业网站上找到可以下载数据的公共部分，但作者发现社交媒体数据更具挑战性。这是因为在研究期间，选定的八家银行在社交媒体的使用上差异很大。他们在四个月的时间里从 Twitter 和 Facebook 上收集了文本和图像，结果得到的数据包含从一家银行的 39 项到另一家银行的 429 项不等，他们对这些数据都使用定量方法和定性方法进行分析。Ozdora-Aksak 和 Atakan-Duman（2015）的报告称，他们的分析结果显示了银行类别和在线数据类型之间的差异，并指出所收集的与企业社会责任相关的资料数量本身便提供了信息。

Kassinis 和 Panayiotou（2017）继续开展与企业社会责任相关的主题研究，他们进行了一项跟踪研究，重点关注 BP 这个单一组织。他们的重点是探讨与企业社会责任目标相关的伪善问题。这项研究历时五年，每两周下载一次网页。作者强调的一个问题是，在网站经历许多变化的很长一段时间内，找到保持数据收集一致性的方法是一个挑战。Kassinis 和 Panayiotou（2017）强调了他们如何专注于组织主页并每两周监测一次变化。他们还指出，他们的研究重点发生了变化，特别是在研究期间发生了深水地平线石油钻机事故以后。虽然这超出了硕士研究项目的时间范围，但他们的描述强调，企业可能会有相当长的一段时间不再发布任何信息。在深水地平线事故发生之后，他们增加了一个为期六个月的日常监测系统。这使他们能够对研究问题重新聚焦，并使用企业社会责任的事前—事中—事后(before-during-after)分析法。

Swan(2017)对单一个体采取了类似的关注，但规模和主题有所不同，该研究聚焦于单个企业家的网站，并对“后女权主义文体学”(postfeminist stylistics)进行了深入的多模式分析(Swan，2017：286)。最初这是一项更宽泛的研究的一部分，其跟踪了20个与女性辅导相关的网站。事实上，这些网站已被确定为一项该主题的为期十个月的追踪式研究的一部分。如前所述，这反映了跟踪研究和追踪研究往往相互关联的性质，而且也反映了在数据收集的后期阶段其中一个如何成为重点。在该论文中，Swan(2017)特别关注个人辅导和企业家的网站，并使用截图工具在十个月内下载了所有网页。她说明之所以选择该网站，是因为在“视觉上引人注目，因此有助于进行视觉分析，并列举了与研究重点相关的一些主题”(Swan，2017：280)。她专门讨论了其研究中的伦理问题。她注意到在线角色和“真实”线下角色之间的差异，并将分析注意力集中于在线“虚拟教练”(Swan，2017：282)。然而，鉴于对个体的明确关注，她寻求并获得了相关个体的伦理同意(ethical consent)。在这种类型的互联网研究中，这一操作并不寻常。Swan(2017)强调了网页的文本、视觉和布局的不同方式，以确认和重申对后女性主义的核心理解，其重点是支持不同形式的“女性劳动——情感劳动、自我工作、关爱工作和数字劳动”(Swan，2017：292)。

我们将话题转向另一个研究领域，随着互联网的发展，人们对招聘实践活动的演变方式特别感兴趣。Boland(2016)的研究旨在调查“求职者”在线上构建身份的方式。他的研究使用了谷歌搜索结果排名来确定英国失业求职者最有可能接触的网站,包括政府网站和招聘机构网站。虽然对具体技术细节的描述很少,但他指出研究从六个最受欢迎的网站上下载了超过 100 页的建议资料,并以饱和度为判定理由,认为这是一个充分的数据集。他特别注意到,由于支持框架的使用有限,企业和自我发展的概念是向求职者提供建议的核心。值得注意的是,饱和度是定性研究中常用的基本原理,在这里它是通过下载数据的重复性来确定的。这一论点需要仔细考量,因为饱和度的性质和价值备受争议(Saunders et al., 2018)。然而,我们承认为便于进行数据分析,它提供了进一步的管理数据数量的有用方法,特别是在硕士研究项目中。

Glozer 等人(2019)调查了组织在社交媒体网站上互动的方式,以及这些方式导致组织行为和利益的正当化。该研究集中在两家食品零售商身上,它们在组织的主要公共 Facebook 页面上讨论了从塑料使用到性别等话题。这项研究集中在 Facebook 上面,作者在初始阶段参与了在线观察,这与网络志的一些描述非常接近(Kozinets et al., 2014)。随后,作者对这两个组织的 Facebook 页面进行了为期 11 个月的跟踪。最初确定了一组广泛的讨论线索(discussion threads),之后对这些线索进行了审查,审查聚焦于发生在不同网站上的四个讨论线索。然后,作者描述了他们如何在这些站点内追踪选定话题的起源,以便收集的这些数据也可以用于分析。作者将这些讨论线索概念化为复调(polyphonic)数据,这些数据出现在组织成员和这些公司 Facebook 页面的公众访问者之间的互动中。Glozer

等人(2019)为研究伦理方面所采取的措施提供了特别有用的说明。特别地,在分析原始数据并与审稿人共享时,他们将数据摘录隐藏在出版物中,以确保这些贡献者的匿名性。这项研究强调了社交媒体中的微观话语作为探索观念如何合法化的方法的重要性。

Rokka 和 Canniford(2016)关注不同的主题、数据类型和平台,他们也对组织和消费者叙事之间的互动感兴趣,这里与香槟消费有关。这项研究跟踪了组织和消费者在 Instagram 上生成的图像,以及三个知名品牌香槟,并使用了名为 Brandwatch 的工具进行数据收集。作者在 2014 年获取了六周的数据,得到了 6 000 多张消费者图片和近 2 000 张品牌图片的数据集。在此数据集的体量下,随机抽取每种类型的 100 张图像进行初步分析,在后续的详细分析中将进一步减少数据数量。采用 Glozer 等人(2019)所描述的隐形技术,作者让"艺术家将摄影图像渲染为精确的插图,以避免用侵犯版权或隐私的方式来保存图像的完整性"(Rokka and Canniford, 2016:1804)。有趣的是,当我们就可视化研究项目采用类似的方法与自己的机构接触时,对在期刊出版物中使用图像这一挑战,我们收到了各种各样的建议。正如我们在后文(Boje and Smith, 2010)进一步回顾的那样,这仍然是研究人员面临的一个特别具有挑战性的问题。然而,Rokka 和 Canniford(2016)等研究强调了自拍等新可视化形式在数字研究中的重要性。

我们对年龄的研究使用了跟踪方法来收集定性在线数据。在代际身份研究(Pritchard and Whiting, 2014)中,我们使用了 150 天内从谷歌警报中识别的数据,也通过这些警报提供的链接滚雪球和下载正文下评论(如果有用的话)方式生成了额外的数据。该搜索方案是在第 3 章和第 4 章(Pritchard and Whiting，2012a)讨论的前测试验之后构建的。我们所有的数据都来自公共资源，不需要任何形式的登录即可访问。在其他研究项目中，我们收集了 1 000 多个来源数据，并注意到"一个来源可能包括多个文本，因为文章和发表的评论都保存在一起。资料来源范围从一段文字到超过 60 页的文字不等"(Pritchard and Whiting，2014:1611)。在关于代际研究的论文中，我们提取了英国在线新闻中发现的两代人身份(迷惘一代和婴儿潮一代)的相关数据。由此产生的数据包括婴儿潮一代共 24 000 个单词和与迷惘一代相关的 25 000 个单词的文本。与 Glozer 等人(2019)相比，我们在发布数据时没有采用任何形式的修饰(Pritchard and Whiting，2014)，因为我们认为修饰可能改变含义，并可能在无意中将文本链接到另一个来源。在其他项目中，我们也收集了图像，但这里的方法包含了其他数据收集方法，对此我们将在本章后面进行讨论。

本节回顾的(以及事实上随后的分析中)所有研究都采用了创新的方法来收集定性互联网数据。然而，总的说来，这项研究落在跟踪的一端，所以我们继续考虑下面的追踪研究。

## 5.3　追踪研究

本节回顾的第一项研究是在 YouTube 社交媒体背景下采用了追踪方法。Kelly 等人(2012)调查了 YouTube 视频中护士身份的构建方式。作者使用"护士"和"护理"作为搜索词(并进行后续审查，删除与母乳喂养相关的视频)，搜索了 2005—2010 年发布在 YouTube 上的视频。这项搜索工作持续了两天，发现了近 30 万段视频。为了包含数据收集过程，作者重点关注每个搜索词的前 50 个链接，将链接存储在 Excel 电子表格中，复制 YouTube 的剪辑信息，并记录观看数量。随后，他们对其中十个最受欢迎的视频进行了详细分析，分析反映出受欢迎程度只是影响力的一种可能衡量标准。

有趣的是，作者还报告了他们在机构内关于伦理批准的讨论，指出他们被告知“我们对话语分析结果的报告对视频片段中描述的个人来说没有伦理意义，因此，该研究没有进行伦理审查”(Kelly et al., 2012：1806)。

事实上，许多可视化研究已经使用追踪方法识别图像从而进行分析。Delmestri 等人(2015)的研究是一个很好的例子，他们为进行网络品牌研究而下载了 821 所大学的徽章和徽标。他们访问了 19 个国家所有大学的网站首页以及一个来自美国的样本，使用了在线工具 Braintrack 对机构及其网站进行了识别。在此基础上，他们“编辑了一个各大学在互联网主页上进行自我展示的图标数据库”(Delmestri et al., 2015：125)。通过内容分析法，作者们探讨了国际间的表征差异。

Duffy 和 Hund(2015)从一个完全不同的话题出发，探讨了女性企业家的自我表征。这项研究根据 Bloglovin 网站的排名确定了 38 个美国时尚博客。他们强调出于对自我展示的研究兴趣，他们决定只关注拥有少于 10 名雇员的博客作者，并确保这些博客作者仍然是活跃的，而不是由大型媒体公司操纵的。虽然没有提供收集过程的细节，但作者解释说，他们关注的是博客中“关于我”的部分，如果没有可用的,就用所搜索的媒体采访来替代。此外,他们还在 Instagram 上收集了 760 张图片,从每个博客的链接账号收集了 20 张。他们对文本和图像的深入定性分析与“拥有一切”(having it all)的概念以及维持这种自我展示的挑战有关。

其他追踪研究已经在特定的社交媒体网站或平台中部署了搜索协议,以识别相关数据。回到文本数据这一主题,van Bommel 和 Spicer(2011)对慢食的研究侧重于对这一趋势的新闻报道,作者承认在数据搜集之前,他们花了一些时间进行背景调查。他们对英国媒体文本的代表性研究产生了兴趣,注意到媒体在向会员和更多观众再现运动这一方面的重要性,尤其因为创始人是一名记者。作者专注于英国的大型报纸(另见专栏 2.2),并通过在线服务提供商(这里是 Factiva)获取这些定性互联网数据。他们以十年为搜索期并采用“慢食”一词进行搜索,最终得到 142 篇新闻文章样本用于分析。作者们进行了按时间顺序展开的话语分析,回顾了用于吸引读者支持慢食运动的不断变化的论点。

Moor 和 Kanji(2019)通过 Mumsnet 论坛内的高级搜索进行了一项专注于金钱和关系的研究项目。经过四个月的搜索,他们确定了 36 个相关讨论线索,其中每条线索包含 13—681 条消息,并回顾了交互为特定协商方法提供支持的方式。在他们的论文中,作者回顾了 Mumsnet 讨论的公共性,并解释了使用 Mumsnet 并不一定需要获取个人同意(Moor and Kanji, 2019:8)。然而,一些研究人员明确要求获得来自 Mumsnet 的研究访问许可(Hine, 2014),虽然这是一项协议,但尚不清楚研究人员是否遵循这一过程。任何研究项目的细节应该总是受到相关机构代表的伦理讨论,以确保研究遵守了恰当程序。

Reddit 是另一个受到特别研究注意的社交媒体网站，也是因为讨论的公共属性，它为考虑研究伦理问题提供了保证。Chang-Kredl 和 Colannino(2017)通过关键词(如最佳教师、最差教师)搜索后得到的 Reddit 数据探索了教师身份的构建。他们搜寻了 Reddit 2009—2015 年的讨论线索，并分两个阶段选择数据进行分析。第一阶段选择那些帖子数量最多的线索(作为受欢迎程度的标志)。最终生成了一个包含八个线索的数据集——每个线索分别有四个与积极的("最佳教师")和消极的("最差教师")身份构建相关。从八个线索开始进行进一步的数据选择，包括阅读所有帖子，以确定与个人对教师的记忆有关的帖子。接下来，在每个线索中选出最受欢迎的帖子，每个线索最多选出 100 个帖子。最终数据集中有 600 条帖子/评论。作者(Chang Kredl and Colannino, 2017)解释说，他们使用了饱和度原则作为确定何时已经识别足够数据的方法(O'Reilly and Parker, 2013)。

在另一项搜索 Reddit 数据的研究中，Lillqvist 等人(2018)使用 Reddit 上的帖子来研究营销人员和消费者之间的互动，以及这些行为如何使营销架构合法化。在他们的方法描述中，作者有效地分解了 Reddit 上不同类型的帖子，区分了赞助的帖子、一种被称为"问我任何事"(ask me anything)的帖子、带有相关链接的帖子、具体的营销讨论，以及与 Reddit 规则相关的帖子。事实上，他们分解了不同角色类型的帖子，以考虑角色特征如何与内容相关。这与他们的研究重点，即营销人员和消费者之间的互动特别相关。他们解释说通过追踪搜索选择数据的过程有一个"仔细阅读"(close reading)的环节(Lillqvist et al., 2018:191),以选择摘录从而进行分析。

Pearce 等人(2018)强调,许多使用在线定性数据的研究都来自一个或数量有限的网站或平台。实际上,这种关注经常被强调为一种管理数据集规模的方法。正如本书前面提到的,作者们注意到研究人员需要认识到平台选择的重要性,并在项目中充分反思。Pearce 等人(2018)概述了一个名为可视化跨平台分析(VCPA)的过程,该过程涉及从多个平台收集数据。在展示的例子(关于气候变化的图像)中,数据来自 Instagram、Facebook、Twitter、Reddit 和 Tumblr,最终确定了近 50 万张图片用于分析。由于这些数据具有多平台特性,因此使用了许多工具收集数据,但没有使用追踪方法。值得注意的是,这个研究项目的规模可能远远超出大多数硕士研究项目的范围,因此我们没有对该方法的细节进行充分的探讨。但是,它的作用是强调检查平台和数据假设的重要性。

## 5.4 跟踪和追踪联合作业

正如本章开头所述,按照跟踪和追踪的范围对现有研究进行分类并不总是那么简单直接的。在上面的例子中,可以看到在追踪研究中,跟踪方法在某些方面的特征有所体现,反之亦然。在这里,我们对方法论叙述中明确提到的将跟踪和追踪相结合的研究进行探索。

Boje 和 Smith(2010)通过维珍[理查德·布兰森(Richard Branson)]和微软[比尔·盖茨(Bill Gates)]的案例研究了对成功企业家

的理解。除了在互联网上跟踪这两家公司网站的文本和可视化数据外，他们还在互联网上搜索他们称为“未经授权”的图像，即卡通和漫画。这项研究既涉及网站边界内的直接跟踪，也包括更广泛的追踪方法，以此识别对比尔·盖茨和理查德·布兰森的其他描述，并与这些结构进行对比和比较。这项研究包括对每个网站的逐步回顾，以及对漫画的分析。作者还对使用网络图像的问题进行了有益反思，在期刊出版物内的复制权方面，无论是在伦理方面还是在版权立法方面，网络图像似乎都属于一个有争议的“无人区”(Boje and Smith, 2010:315)。这一挑战可能解释了，为什么许多可视化图像研究没有将图像本身包含在已发表文章的叙述中。

Sundstrom 和 Levenshus(2017)关于媒体公司如何通过 Twitter 参与活动的研究提供了一个有用的案例，该研究同时使用了跟踪方法和追踪方法。该研究的目的是在理解有效的公共关系战略背景下，了解组织通过 Twitter 获得参与的方法。对于这种研究方法来说，Twitter 是一个特别灵活的平台，因为既可以访问历史推文，也可以后续跟踪推文。作者通过财务数据确定了 25 家潜在媒体公司。然后在 Twitter 上跟踪一周，看看它们是否活跃(活跃被定义为该周至少发表一条推文)。这将样本减少到 18 家媒体公司。随后，作者们从这些公司的 Twitter 账号中，搜集了“按时间倒序排列的最近 100 条推文”(Sundstrom and Levenshus, 2017:22)。所收集的数据包括推文内容，也有相关线索以及互动数据。通过内容分析，该研究随后探讨了这些媒体公司所采用的不同策略，包括作为内容发起者和内容转发者两种角色。

正如第 1 章所探讨的，我们自己的研究也经常涉及跟踪和追踪方法的联合作业。在关于重建退休生活的论文(Whiting and Pritchard, 2020)中,我们采用了利用跟踪(通过谷歌警报)和追踪方法获得的数据。在这种情况下,追踪既使用滚雪球技术追踪数据链接——这是在跟踪过程中识别出来的,又使用有针对性的关键术语搜索,重点是搜索与研究问题相关的特定短语。这让我们确定了特定出版物中与老年员工未来退休所有相关的数据。

在硕士研究项目的范围内,跟踪和追踪方法可以有效地结合起来;然而,重要的是要确保妥善管理这项活动的范围,并且方法组合对研究问题的探究是至关重要的。

## 5.5 跟踪和追踪与其他数据收集方法相结合

在更广泛的多方法研究中,利用定性互联网数据作为这些研究的一部分变得越来越流行。正如上面关于结合跟踪和追踪的建议一样,如果范围管理得好,这对硕士研究项目来说是有用的。可以使用一个小型的重点追踪流程来识别与主题相关的社交媒体数据,然后将这些数据用作在访谈计划中进行讨论的提示。在关于工作年龄的研究中,我们采用了一种稍微不同的方法,我们使用了在集体照片启发活动中进行跟踪研究的期间所收集的在线图像,同时也对这些图像进行了我们自己的可视化分析(visual analysis)(Pritchard and Whiting, 2015, 2017)。在我们的数据收集中,最初确定了120幅可用图像。由于我们排除了版权信息不足的图像、具名的个体照片和质量低劣的复制品，所以得到的图像远远少于图像总量。在专注于一个特定的研究问题(与性别老化的表征相关)时，我们决定将分析集中在库存图像上，并进一步将数据范围缩小到我们编码为与性别老化有关的照片上。这产生了一个包含 16 张照片的数据集。通过 Rose(2012)和 Davison(2010)的进一步分析，我们确定了一个由三张照片组成的子集，用于一个共有 39 名参与者的集体照片诱导研讨会。我们的研究报告包括我们自己对这些图像的视觉分析，以及参与者对展示图像反应的专题分析。总之，尽管以不同的方式且在不同的年龄阶段，我们还是发现性别老龄化的主体定位对男性和女性来说都可能存在问题。

Orlikowski 和 Scott(2014)的研究表明，如何将来自社交媒体平台的数据整合到一个更广泛的定性研究项目中。这里的平台是 TripAdvisor 和 AA 酒店评论网站。作者将这些网站上 16 家酒店的跟踪和访问与广泛的访谈结合起来，用以研究在线评论对相关人员的影响。他们还搜集了网络评论的媒体报道。这是一项广泛而全面的研究，虽然远远超出了典型硕士研究项目的范围，但强调了具体平台如何用于相关研究问题。该研究与评估实践相关，它"解释了评论是如何在持续的实践中产生的，以及评论如何显著地重塑企业组织的日常实践活动"(Orlikowski and Scott, 2014:868)。

Bell 和 Leonard(2018)对数字组织故事的回顾，是一项使用一系列不同来源数据的进一步研究。该研究聚焦在一个案例组织(一家媒体公司)上，包括 YouTube 视频、文档和访谈在内的多模式数据。在这项研究中，作者观看了该案例组织在 YouTube 上的所有视频，查看了其他观众发表的评论，跟踪了 Facebook、Twitter 和其他公司网站，并进行了七次采访。作者讨论了他们的研究如何为数字组织讲故事的形式和功能提供洞察，特别是他们如何“识别出亲和力、真实性和业余性的故事框架构建——这一框架决定了故事如何被理解以及这一框架是否是可信的”(Bell and Leonard, 2018:348)。在另一项创新性研究中，Baxter 和 Marcella(2017)探讨了选民在苏格兰公投期间是如何获取信息的，并进行了访谈，访谈期间要求参与者使用手持设备在线搜索信息。他们称之为“互动式、电子辅助访谈法”(Baxter and Marcella, 2017:540)，在此期间，参与者自己有效地进行追踪活动。在分析所收集的数据时，作者回顾了影响选民意愿媒体的不同特征。这些研究表明，跟踪和追踪方法可以在一系列调查领域与其他定性方法结合使用。

## 5.6　本章小结

在本章中，我们完成了如下内容：

- 讨论了识别使用跟踪和追踪方法的现有研究的挑战；
- 强调了使用在线方法收集定性互联网数据的各种主题和平台的现有研究；
- 探讨了进行追踪和/或追踪活动的已发表研究中所强调的不同方法和问题；
- 审查了将跟踪和追踪方法与其他数据收集方法结合使用的研究项目。

这里探讨的研究说明了使用跟踪和追踪方法进行研究可以达到的广度。然而，它们不提供可以简单地应用于硕士研究项目的方法，仅在这里用于说明问题。在考虑新的研究项目时，重要的是广泛咨询潜在的方法论，包括在线研究的其他评论（Pearce et al.，2018；Snelson，2016）。

# 6 结　论

## 6.1　引言

在本章中,我们通过阐述跟踪和追踪方法作为定性数据数字收集方法的优缺点,思考什么是一种好的定性互联网数据收集方法,并对其进行了评述。然后,通过预测数据分析和研究结果的撰写,概述研究过程中的下一步工作。最后,我们总结了本书所涵盖的内容,并为以后的阅读提供了建议。

## 6.2　对跟踪和追踪方法的评判

前几章涵盖了使用跟踪和追踪方法收集定性互联网数据的所有阶段。在本章我们将概述对于硕士研究生项目来说,跟踪和追踪方法作为定性数据数字收集手段的优势和劣势。

### 6.2.1 跟踪和追踪的优势

本书开头概述了互联网如何为研究人员在其职业生涯的每个阶段提供大量机会。为了检查我们"最全面的电子档案",对于那些正在攻读硕士的人来说,决定使用定性互联网数据收集的数字方法代表了一个参与一些最新技术交流的机会(Eysenbach and Till, 2001: 1103)。这样做有几个好处。

第一,跟踪和追踪方法是收集大量数据快速而有效的方法。对于跟踪来说,一旦工具被设置、试用并根据需要进行了调整,某些形式的警报就会生成链接,则无需进一步处理(尽管研究人员显然需要参与评估与之相关的材料并上传)。对于追踪来说,它的重点是识别已经发布在互联网上的材料,这是一种非常快速的数据收集方法。这些方法还允许在所有数据收集完成之前准备、管理和分析数据,这一特点与其他一些定性数据收集方法(如访谈)相同(Cassell, 2015)。这样做可以提高一定的效率(在分析早期数据的同时还可以整理后期数据),从而在总体上节省时间。这种相对快速而灵活的方法对于硕士研究生而言非常有用,因为他们只拥有有限的时间来设计、执行和撰写研究项目。第二,这些方法利用了研究人员已经在互联网的日常活动过程中获得的技能。虽然我们重申了第 1 章的观点,即跟踪和追踪不同于常规的网页浏览,但大多数研究人员都熟悉互联网及其界面,这有助于过渡到使用数字数据收集方法,而不是使用其他数据收集方法,如访谈或调查,在使用这些方法时研究人员可能缺乏可借鉴的转化经验。第三,追踪和追踪不需要招募被试,招募被试需要很长时间,而且研究人员可能会遇到参与障碍,例如,取得组织监管者许可。第四,方法非常灵活,可以适应许多不同的主题和研究问题;它们也符合一系列认识论立场。第五,这些方法具有响应性和适应性,因此可以在数据收集期间根据研究人员发现的新材料(概念上的或经验上的)和新思想进行调整。它们也可以与其他方法结合使用(例如,收集数据,可以在访谈中用作启发性提示,或者作为当数据量低于预期情况时的补充)。

### 6.2.2 跟踪和追踪的缺点

任何数据收集方法都有局限性。对于跟踪和追踪方法来说,第一个同时也是关键的缺点是,大量潜在数据以相对容易的方式呈现给研究人员,这是一个相当令人望而生畏的前景。设置警报或在互联网上搜索材料相对容易,但要确定数据收集的范围以使其易于管理和集中会很困难。好的前测可以帮助做到这一点。保持专注也是如此:正如我们在第 4 章中强调的那样,研究人员需要不断地问自己,所识别的材料是否真正解决了研究问题。开发一套评估相关性的标准非常有用。

第二个缺点是,一个相关的问题是数据处理和管理可能非常耗时。除了审查相关性外,实际上检查互联网材料的链接,并将相关数据上传到研究人员选择的数据管理系统中需要时间。在我们的前测研究中,我们为数据处理创建了一个分步方案,这对共 150 天的数据收集而言非常有帮助(Pritchard and Whiting, 2012a)。这样做是由于我们两人都参与其中,因而需要我们之间的透明度,但实际上一个方案对研究人员自己的工作也是有用的(尤其是在编写方法时)。我们发现,定期(至少每隔一天)审查每日警报(来自跟踪)和潜在材料(来自追踪)有助于保持流程的畅通性。此处,它为我们提供了一个总体数据集,该数据集在可管理的比例范围内,关键是在我们资助的项目所要求的时间范围内。

这导致了第三个缺点,即互联网数据缺乏持久性,因而可能会在没有警告的情况下消失。这突出了及时处理数据的必要性。下载它并以稳定的永久形式上传,对于以后的分析至关重要。第四个缺点是,互联网研究依赖于使用专有工具,这些工具在能做什么和不能做什么方面都受到自身的限制。研究人员在选择工具或工具组合时必须仔细检查,注意不要过度解释研究结果,而是将其定位在工具所能实现的数据收集边界内。例如,Twitter 搜索应用程序接口(API)仅提供1%的实际流量(Burnap et al., 2015)。第五个缺点是,数据体量不可预测。如果面对的是大量相关材料,那么本节中已经解决的问题会有所帮助。然而,还有一种可能是,尽管前测研究很有前景,但这些方法仍可能无法产生预期的数据体量或预期的数据质量。如果研究人员一直定期查看链接,他们将能够及早发现并作出调整。包括修改跟踪警报,对已发布的相关材料进行更多的追踪,或者将这些方法与其他数据收集方法相结合,如访谈(例如,对在跟踪和追踪中确定的个体进行访谈)。最后一个缺点是,定性互联网研究的伦理考虑可能很复杂。虽然现在有更详细的指导可用,但是完成这些工作需要时间,如果研究机构不熟悉这一领域,研究人员在寻求伦理批准的过程中可能会遇到延迟。

然而,总的来说,我们推荐跟踪和追踪方法作为定性互联网数据收集的方法。它们不同于第 5 章中讨论的网络记录(Kozinets, 2019; Kozinets et al., 2014)等方法,因此它们为定性研究人员提供了额外的方法工具。它们的适应性和灵活性使其能够跨越一系列哲学方法的许多研究主题,同时提供了快速构建数据集的机会,这对于硕士生来说尤其宝贵。正如我们前面所说,没有一个研究项目是完美的或没有问题的,关键是要作好准备。自反性很有帮助,接下来我们考虑如何进行良好的数据收集。

## 6.3 什么是好的定性互联网数据收集方法?

评估什么是好的定性研究,这个问题并不简单。还有人认为,"拥有一套公认的标准可能会威胁以至于破坏研究界所重视的定性研究特征"(Symon et al., 2018:144)。对于新手研究人员来说,这可能会让他们感到困惑,因为他们想知道自己项目的数据收集是否"足够好"。

评估定性研究的标准存在争议的一个原因(Cassell and Symon, 2011; Symon et al., 2018)是,定性研究可以基于不同的哲学传统。在欧洲尤其如此(这一情况比在美国更严重),这些哲学的使用有助于形成实证主义定量方法可见和可接受的替代方案(Symon and Cassell, 2016)。这些方法——比如主导互联网研究的"大数据"运动(Dutton, 2013)——是有效性和可靠性标准的同义词。然而,重要的是要记住,制定这些标准是为了解决实证主义统计分析传统中使用的与定量方法相关的非常具体的问题(Symon et al., 2018)。许多人认为,用这些标准评估定性研究不合适,甚至不可能(例如,Easterby-Smith et al., 2008)。应该使用什么标准来代替呢? Symon等人(2018)认为,构成适当标准的内容取决于背景和文化。他们呼吁采取更加多元化的方法,包括对研究进行反思性评估,承认实证研究可以基于不同哲学传统。

我们认为,一个好的数据收集方法必须符合伦理道德要求,这是与其哲学假设(我们在第 2 章中讨论的本体论和认识论)相匹配的,并会产生用于解决研究问题的高质量数据。我们还认为,质性研究(做得好)的一个关键优势是自反性所提供的贡献。在评估质量的情境下,证明有效性与其相关。在定性研究中,构建一个"解释……做了什么和为什么"的叙述,以证明"为什么和如何(研究)发现是合理的"(Phillips and Hardy, 2002:79)。正如 Mason(2002:190)总结的那样,证明有效性的最佳方式是"解释如何得出你的方法是有效的结论"。这引出了第 3 章和第 4 章中提出的观点,即需要持续的自反性,以及如何积极管理这一点,以确保维持研究问题的焦点和相关性。跟踪和追踪方法的每个阶段,正如有效的前测研究,都为研究人员提供了一个反思自己的决策和更通行的研究过程的机会。如果研究人员通过全面记录他们所做的工作以及为什么作出某些选择,创建了一个审计线索,这在撰写硕士研究论文的方法论章节中将十分宝贵,并且可以使讨论章节有效地传达出来。这一层次的反思性细节也使得对方法论及其有效性的充分考虑和批判成为可能。这是实施和演示良好数据收集方法的关键步骤。

## 6.4 数据收集之后：下一步

一旦研究人员完成了数据收集，他们将需要准备分析数据和撰写论文。我们将关注项目下一阶段所涉及的工作内容。

### 6.4.1 为数据分析作准备

在第 3 章和第 4 章的数据管理讨论中，我们已经部分预测了数据分析的准备工作。这与其他定性数据收集方法有所不同。跟踪和追踪方法的数据管理与数据收集没有太大区别。这是因为需要将互联网上的材料转换为稳定和永久的内容，在其他方法中，数据通常以已经符合此要求的形式创建。因此，很可能在这个阶段，使用跟踪和追踪方法的研究人员已经决定是否使用 CAQDAS 包。除了支持数据管理外，这些软件包还可用于组织数据和支持分析，但重要的是要记住真正进行分析和解释的是研究人员而不是软件。

然而，拥有一个适当的数据管理系统只是起点。除了可以查询数据外，研究人员还需要有进行查询的策略。可能出现的问题是，数据的形式可能不同，包括文本和可视化数据的混合。这需要不同的分析处理方法。在选择数据分析方法方面，一个关键的出发点是反思研究的哲学基础，并选择适合的方法。一些分析技术比较灵活，如模板分析，可以与各种本体论和认识论假设一起使用。其他的如特定话语分析与特定的(特别是社会建构主义的)认识论相一致。有些仅适用于图像，如可视化框架分析(Fahmy et al.，2007)或Davison(2010)的可视化肖像编码。其他诸如内容分析主要用于分析文本(例如，Ozdora-Aksak and Atakan-Duman，2015)，但可以适应可视化数据(Rokka and Canniford，2016)。

对可用于定性文本和可视化互联网数据的各种数据分析方法的详细讨论，超出了本书的范围。本系列的其他卷详细介绍了这些问题。在第5章中，作为我们回顾使用跟踪和追踪方法研究实例的一部分，我们纳入了使用不同分析方法的研究，我们相信这将有助于研究人员解决项目下一阶段的问题。

### 6.4.2 数据分析的初步提示

正如在跟踪和追踪方法的优势一节中所讨论的，这些方法使研究人员能够在收集所有数据之前就开始进行数据分析。鉴于定性分析方法非常耗时，建议时间有限的研究人员尽快开始分析，否则任务很容易变得令人生畏且难以管理。在访谈中，研究人员在收集数据时也要在场，事实上，我们可以说访谈数据是参与者和研究人员共同构建的。当研究人员收到或创建采访记录时，他们因为在进行采访记录时是亲身参与的而对采访内容感到熟悉。这与跟踪和追踪不同。研究人员在很大程度上参与了数据构建，决定了研究设计的主题焦点、搜索词的参数以及研究设计的其他关键方面。但我们认为，作为潜在数据提供给研究人员的材料内容将是出乎意料的。评估相关性是一个非常快速的过程，也就是说，当研究人员第一次通读一篇新闻文章或博客文章时，往往就是第一次面对他们的数据。这就是熟悉的过程——数据分析的第一步。

表 6.1 中列举了现已出版的研究中使用定性互联网数据不同数据分析方法的示例。我们还参照研究的基本哲学假设组织这些研究,以给出与分析方法相关的范式。

**表 6.1 使用文本和可视化互联网数据分析方法研究示例**

| 哲学方法 | 互联网文本数据分析方法(附研究实例) | 互联网可视化数据分析方法(附研究实例) |
| --- | --- | --- |
| 定性后实证主义 | 全球 18 家最大媒体公司的 Twitter 档案和推文的定性内容分析(Sundstrom and Levenshus, 2017);<br>275 个随机抽样的合法非营利组织的 Facebook 档案的定量内容分析(Waters et al., 2009) | 大学在互联网头版上用于自我展示的图像的可视化内容分析(Delmestri et al., 2015) |
| 诠释主义者 | 土耳其八大银行的公司网站和社交媒体账号(Facebook 和 Twitter)的主题内容分析(Ozdora-Aksak and Atakan-Duman, 2015);<br>六个热门网站的福柯式话语分析,包括招聘广告和求职建议(Boland, 2016) | 英国在线新闻中的不同年龄段男性、女性与工作相关的库存照片可视化分析(Pritchard and Whiting, 2015) |
| 关键事件法 | 两个截然不同的食品零售组织的公共 Facebook 网站的话语分析(Glozer et al., 2019);<br>十家不同公司的 24 个网站文本内容分析和语篇分析(Mescheret et al., 2010) | 三个受欢迎的香槟品牌账号的可视化内容分析和 Instagram 上这些品牌的消费自拍照(Rokka and Canniford, 2016)。<br>BP 公司网站的可视化叙事分析和符号学分析(Kassinis and Panayiotou, 2017) |

## 6.5　总结

在本书中,我们介绍了跟踪和追踪方法,并阐述了使用这些方法的基本哲学假设。我们已经涵盖了硕士研究生在收集定性互联网数据时需要采取的核心步骤,确定了关键组成部分,并考虑了如何组织这些步骤以使用这些方法。我们提供了使用这些数字方法的已出版研究案例。本书总结了跟踪和追踪方法的优点与缺点、准备数据分析时的一些技巧以及进一步阅读的建议。

定性研究人员面临来自定量方法的挑战,在定量方法中,“大数据”的概念正日益成为互联网研究的同义词(Dutton, 2013)。我们认为,定性方法在更深入地理解人类/数字的交互和探究通过互联网形成的经验等方面,有很大的帮助。然而,在快速发展的“大数据”世界中,我们还有更多的方法论工作要做,以确保这种“小数据”定性方法的发言权。一个很好的起点是,下一代研究人员——那些目前正在进行硕士研究项目的人——参与定性互联网数据的收集工作。

# 术语汇编

**achievability　　可实现性**

在调查数据分析领域为高等教育提供服务，旨在帮助高等教育机构深入了解教学和发展学习结构。

**alternative perspectives　　其他视角**

针对挑战某一特定领域传统或主流思维主题的方法，例如，通过审查活动组织如何以要求改变流行概念化、实践和结构的方式来构建主题。

**application programming interface(API)　　应用程序接口(API)**

用于构建软件应用程序的一组例程、通信协议和工具，它指定了软件组件应该如何交互。这一客户端和服务器之间的接口旨在简化客户端软件的构建。操作系统、应用程序或网站有许多不同类型的应用程序接口。

**AQUAD**

开源免费软件，支持各种定性数据的分析：文本、音频数据（如采访录音）、视频数据和图片（如照片或图纸）。

**Association of Internet Researchers(AoIR)　　互联网研究人员协会**

一个国际学术协会，旨在促进互联网跨学科领域研究。以会员为基础，旨在通过一些方式——例如其年度研究会议，促进独立于传统学科和跨越学术边界的批判性和学术性互联网研究。

**ATLAS.ti**

支持大量文本、图形、音频和视频数据的定性分析软件。

**authenticity on the web　　网络资料真实性**

互联网上的材料在多大程度上是真实的，以及如何评估这种真实性，是一个持续的问题。它涉及从所有互联网材料（例如，确定一个网站是否安全可靠，可以信任其内容或进行网上购物）到社交媒体人物[例如，评估一个 Twitter 账号是由真人还是机器人（即在互联网上运行自动任务的软件应用程序）撰写的]。

**Bank of England　　英格兰银行**

英国的中央银行，归英国政府所有，对议会和公众负责。

**below-the-line sections　　正文下评论**

在原始媒体文章（例如新闻报道或博客文章）的下方留有空间的地方，读者为回应媒体文本而发表在网上的评论。这个部分是许多在线新闻网站的常规功能，这些评论取代或补充了传统读者给编辑的信件。发布在网上的评论可能会被审查，但与给编辑的信件不同的是，这个部分为读者提供了辩论的机会，因为评论可能是对其他评论的回应，而不仅仅是原始媒体文章。

**bespoke qualitative online research　　定制化定性在线研究**

商业机构提供的专有产品，用于通过互联网方法收集定性数据。通常，这些产品是为组织开发的，特别是在市场、消费者和观点研究领域。因此，它们不是为学术用途而设计的，而且缺乏研究人员主导的数据收集方法的灵活性。

**big data　　大数据**

例如,来自互联网的信息,以信息、发布到社交网络上的更新和图片、传感器的读数、移动设备的信号等形式呈现。许多最重要的大数据来源(如社交媒体平台)都是相对较新的。大数据的特点不仅在于它的多样性,还在于它的体量(显然现在每秒钟通过互联网产生的数据比 20 年前整个互联网存储的数据还要多)和它的速度(数据创建的速度使提供实时的或接近实时的信息成为可能)。大数据运动旨在通过分析数据从中收集情报,并将其转化为商业优势。

**blogs　　博客**

在互联网上发布的讨论或信息网站,由离散的、通常是非正式的日记式文本条目组成,称为帖子。

**bounded episode　　有界事件**

谈话或文字的出现,如政治演讲或报告的发表在有限时间内选择这一事件的集中数据,以创建一个受时间和上下文限制的事件。事件应该有潜力通过对更广泛的社会问题分析来展示其更广泛的相关性。另参见特定话语事件。

**British Bankers Association　　英国银行家协会**

英国银行和金融服务部门的贸易协会。

**British Psychological Society(BPS)　　英国心理学会**

在英国,作为心理学家和心理学家代表机构的注册慈善机构。负责促进学科的科学、教育和应用方面的卓越表现和伦理实践。

**Building Societies Association　　建筑协会**

19 世纪成立的协会,代表英国所有 43 个建房互助会和 5 个大型信用合作社。

**Cambridge Analytica　　剑桥分析公司**

剑桥分析公司是一家英国政治咨询公司，在选举过程中将数据挖掘、数据经纪和数据分析与战略沟通相结合。“Facebook—剑桥分析公司”数据丑闻是 2018 年初的一桩重大政治丑闻，当时有消息称，剑桥分析公司未经用户同意，从数百万人的 Facebook 个人资料中获取个人数据，并将其用于政治广告目的。

**computer assisted qualitative data analysis software(CAQDAS)　　计算机辅助定性数据分析软件**

可以帮助研究人员进行定性数据分析的专业软件。这类软件可以帮助进行数据组织和管理、编码(包括自动化编码)、为分析的自省过程提供评价工具、单词或短语自动搜索、生成词频搜索和以不同的方式呈现材料，如思维导图，以帮助提出分析的想法。

**confirming the research question　　确认研究问题**

对一项研究的研究问题进行测试和挑战的过程。最常见的方法是与研究合作者或导师讨论，审查研究方案或与文献进行比较。

**construct　　建构**

在定性研究中，数据被认为是建构的，而不是收集的，这反映了研究人员的积极参与(如果适用的话，在与参与者的互动中产生)。

**content analysis　　内容分析**

一种数据分析方法，它将定性数据转化为一种格式，可以产生定量数据，以支持假设检验或信息收集。由于对计数的关注意味着在大多数定性数据中典型丰富性的损失，已经开发了内容分析的定性版本。这使得研究人员可以通过对一个标题或现象的数据详细检查和解释以思考范式与主题。

**critical approaches　　批判主义方法**

质疑现实本质以及我们理解现实方式的研究,通常从规范角度来审视我们的经历是如何形成的。

**critical management studies　　批判性管理研究**

一种最初植根于批判理论视角的运动,它质疑主流思想和实践的权威与相关性。聚焦于管理、商业和组织领域,对既定的社会实践和体制安排提出批判,挑战现行管理制度,并促进发展其他的思维方式。

**critical realism　　批判现实主义**

区分"真实"世界和"可观察"世界的哲学分支。前者无法被观察到,它独立于人类的感知、理论和建构而存在。我们所知道和理解的世界是由我们的观点和经验构建的,通过"观察"得到。

**curate　　策划**

研究人员在研究项目的所有阶段,对数据的管理应符合伦理和其他监管原则。

**data sources　　数据来源**

互联网上可以收集数据的特定地方(如社交媒体平台)。

**data types　　数据类型**

互联网上的数据形式可以是文本的或可视化的,例如推文、网站、博客、Instagram 帖子、新闻媒体的文章(可能包括图片或漫画)、YouTube 视频和 Facebook 页面。

**data variables　　数据变量**

互联网数据的不同特征,如语言和国籍。

**decentring of individual meaning　　个体意义的分散**

诠释主义方法关注参与者的意义创造,而批判方法则将这种关注转移到个人身上，倾向于解构意义。参见批判性方法和个人意义的问题化。

**deconstructing meaning　　解构意义**

解构是后结构主义哲学运动的核心过程。它包括拆散先入为主的观念，展示被忽略的东西，以便让人更好地理解一个结构（例如一个词是如何具有特定含义的）是如何构建的，以及它的影响。

**Dedoose**

一个跨平台应用程序，支持定性和混合方法，包括文本、照片、音频、视频和电子表格数据。

**deepfake online videos　　深度虚假在线视频**

一个由计算机生成的人脸图像，是通过分析数千张这个人的静态图像生成的。

**device　　设备**

包含计算机或微控制器设备的物理单元。数字设备包括智能手机、平板电脑和智能手表。

**dialogic form　　对话方式**

与对话及其使用有关的，或者以对话及其使用为特征的。

**digital ethnography　　数字民族志**

一种在线研究方法，将传统民族志研究方法应用于以计算机为媒介的社会互动所创造的社区和文化研究中。另参见网络民族志。

**digital methods　　数字方法**

通过引入当代通信技术而成为可能的研究技术。这些方法研究基于网络产生的活动和设置，并使用数字技术改变进行研究的方式。

**dilemma of representation　　披露困境**

研究人员对所收集和分析的在线数据的作者关注程度。这将取决于研究中采用的哲学方法，但也取决于个体是否已经被技术手段遮蔽（例如匿名）或过度展示（例如，通过可见的社交媒体展示）。

**discursive event　　特定话语事件**

话语分析中的一种方法，在谈话或文本中创建一个时间和上下文有界限的片段。然后将其分析为一种揭示更广泛社会问题的方式。另参见有界事件。

**discursive techniques　　特定话语分析技术**

数据分析方法，如话语分析，借鉴了话语理论和社会建构主义。这些技巧关注语言的意义和结构效应，关注话语及其社会建构过程的识别。

**discussion forums　　论坛**

基于网络的电子留言板，人们可以在不同时间发布信息，也通常被称为网络论坛、留言板或讨论板。另参见讨论线索。

**discussion threads　　讨论线索**

人们在基于网络的电子留言板上于不同时间发布信息，也通常被称为网络论坛、留言板或讨论板。另参见论坛。

**Economic & Social Research Council(ESRC)　　经济和社会研究理事会**

ESRC 为社会科学的研究和培训提供资金与支持。它是英国研究与创新的一个组织，由英国政府资助的行政法人机构。

**Emerald Publishing Guide　　爱墨瑞得出版指南**

爱墨瑞得出版公司为学术和实践作者制作的一系列指南。包含关于如何设计、开发和展示研究的实用技巧和指导。

**epistemological assumptions　认识论假设**

关于我们理解和产生知识的方式(我们可能知道什么),以及知识主张可以被断言和捍卫的方式(我们如何获得这些知识)的哲学假设。

**exchanges between individuals　人际交流**

参见讨论线索。

**Facebook**

一个在线社交媒体和社交网站,允许用户发表评论,分享照片和发布其他网页内容的链接。

**fake news　虚假新闻**

故意误导或欺骗读者的新闻、故事或骗局。这种蓄意的虚假信息可以通过传统新闻媒体和在线社交媒体传播。这些故事通常是为了影响人们的观点,推动政治或社会议程,或者造成混乱。

**FIFA Women's World Cup　国际足联女子世界杯**

一项由国际足球协会(FIFA)组织,由女子国家队参加的国际足球比赛。

**GIF**

GIF代表图形转换格式(graphic interchange format),是一系列持续循环的图像或无声视频,可以嵌入社交媒体,而且不需要用户按播放键。

**Google Alerts　谷歌警报**

由搜索引擎公司谷歌提供的内容更改检测和通知服务。当它在互联网上发现与用户搜索词相匹配的新结果(例如网页、新闻项目或博客文章)时,该服务会向用户发送电子邮件。

**Google Image Search　　谷歌图片搜索**

谷歌旗下的搜索服务,允许用户在网上搜索图像内容。

**grey literature　　灰色文献**

未经商业出版或未经最严格学术审查标准的材料。它可以包括私营、公共和第三方等不同类型组织编写的报告和文件。

**grounded theory　　扎根理论**

从系统收集和分析的数据中发展出理论的一种研究方法。它被用来揭示社会关系和群体行为,即社会过程。

**hermeneutics　　诠释学**

解释学的理论和方法,尤其指对哲学文本的解释。

**HyperRESEARCH**

支持定性研究分析的软件。

**Instagram**

照片和视频分享社交网络服务网站,允许用户分享照片和视频。

**internet protocol(IP) addresss　　IP 地址**

在网络(如互联网)上标识特定设备的标签,类似于物理位置的邮政或邮政编码。IP 地址通过服务器/路由器中的软件自动分配给每一个与互联网相连的设备。

**interpretivist　　诠释主义**

一种哲学方法,其研究关注于获取和理解参与者的主体间文化派生意义,以解释行为。研究的对象是现实中的个人或群体。

**key actors　　关键参与者**

在选定的研究课题中可能发挥最重要作用的个人、团体或组织。

**linguistic techniques　　语言技术**

着重于语言及其使用的定性数据分析方法。它包括叙事、模板或主题和修辞分析。

**live streaming　　在线直播**

同时实时录制和播放的在线流媒体。直播服务包括社交媒体、视频游戏和职业体育。这些平台通常具有与主播交谈或参与聊天的功能。

**LSE Guide on Social Media Research　　伦敦政治经济学院社交媒体研究指南**

一系列博客文章，是由伦敦政治经济学院主办并定期更新对博客产生影响的内容。博客来自对社会科学和其他学科学术工作影响感兴趣的一系列作者的文章。

**malware　　恶意软件**

这是对计算机用户有害的恶意软件，如计算机病毒和间谍软件。

**MAXQDA**

一个用于定性和混合方法研究的软件包，包括但不限于扎根理论、文献综述、探索性市场研究、定性文本分析和混合方法等方法。

**meaning making　　意义建构**

研究目标是调查现实中某一方面的个人或集体经验（对他们来说意味着什么）。另参考诠释主义。

**meme**

在一种文化中（通常在互联网上），人与人之间传播的一种思想、行为或风格，其目的是传达一种特定的现象、主题或含义。

**mind map　　思维导图**

用于可视化组织信息的图表。思维导图是分级的，它显示了整体组成部分之间的关系。它的结构从中心向外辐射,可以使用线条、符号、文字、颜色和图像来组织材料。

**mode of access　　访问方式**

是指研究人员如何访问他们正在收集的互联网数据。以前用户在设备上的活动可以形成未来网络材料的选择和呈现方式,因此可能会根据研究人员使用的情况——自己的单一使用设备、与同事或家人共享的设备,还是公共设备——而有所不同。

**monitoring and revising the research question　　监测和修改研究问题**

在整个研究过程中,确保研究问题的焦点和相关性的自省过程。另见自反性、研究日记、研究训练和快照。

**multi-modal　　多模式**

使用多种模式(文本、听觉、语言、空间或视觉)文档,在互联网背景下,包括互动性元素。

**Mumsnet**

一个为父母服务的英国网站,设有论坛,供用户分享育儿和其他话题的建议和信息。

**netnography　　网络志**

1996 年,罗伯特·库兹奈特(Robert Kozinets)在市场营销和消费者研究领域引入的在线研究方法。从人类角度对在线社交互动和体验进行了广泛的研究。

**numeric data　　数值型数据**

以数字形式收集某事物的信息。

**NVivo**

为定性和混合方法研究专门构建的软件。支持数据的组织、存储和检索；从多种来源导入数据（文本、音频、视频、电子邮件、图像、电子表格、在线调查、社交和网页内容），包括数据管理、查询和可视化工具。

**online ethnography　网络民族志**

一种在线研究方法，将传统的民族志研究方法应用于以计算机为媒介的社会互动所创造的社区和文化研究。另参见数字民族志。

**online identity　在线身份**

互联网用户在在线社区、电子邮件地址、社交媒体资料和网站中建立的社会身份。也可以认为是一种主动构建的自我展示。

**ontological assumptions　本体论假设**

关于存在本质的哲学假设，它决定了我们知道什么是真实的（现实的本质），以及我们知道什么是存在的。

**origin of access　访问来源**

研究人员访问因特网的物理位置。参见 IP 协议地址。这个位置决定了一些因素，如语言和所呈现材料的选择，例如，在网络浏览器中。因此，如果研究人员在两个不同的国家使用相同的数字设备，他们将在浏览器中看到对相同搜索的不同响应。

**phenomenology　现象学**

对经验和意识结构的哲学研究。

**philosophical assumptions　哲学假设**

参见认识论假设和本体论假设。

**platforms used　平台使用**

促进两个或多个不同但相互依赖的用户集之间互动的数字服务，这些用户集通过互联网服务进行互动。包括市场（如 eBay）、搜索引擎(如谷歌)、社交媒体(如 Facebook 和 Twitter)和通信服务(如 Gmail)。

**polyphonic 复调**

多种声音的或涉及多种声音。

**problematizing personal meaning 个人主观性问题**

侧重于各个主体对不同现实的不同展示方式(文本、视觉、材料)的研究,而不是寻求发现对个人或群体有什么意义。

**public documents 公共文件**

在研究伦理背景下,属于公共领域的文件,因此不需要其作者的明确知情同意就可以作为研究数据使用。

**QDA Miner**

用于编码、注释、检索和分析文档和图像的定性数据软件包。它可以用于支持文本、绘图、照片、绘画和其他类型可视化文档的分析。

**qualitative post-positivism 定性后实证主义**

一种批评和修正实证主义的元理论立场,因为它承认经验的不同构架。它的基本假设是真相可以通过客观的定性研究方法获得。

**qualitative research 定性研究**

产生非数字数据的研究,可以是文本的或可视化的,并通过研究过程构建和策划。定性研究通过使用不同的理论视角,并以不同的哲学立场为基础广泛发展而来的方法。通常是对意义、经验、观念和实践的归纳或探索。

**realist 现实主义**

一种哲学研究方法,其假设是研究对象是真实现象,可以通过适当客观的和科学的方法发现。

**Reddit**

一个包括美国社会新闻、网站内容评级和讨论网站的综合网站。

**redundant items　　冗余资料**

通过数据收集方法确定的材料，但最终发现与研究问题无关，可以丢弃。

**reflexivity　　自反性**

对自己和更广泛的研究实践群体进行批判性思维的过程。这种意识使我们能够理解知识如何存在，以及知识如何产生。

**relativist　　相对主义**

相对主义观点是一种挑战“具体”现实概念的哲学方法，相反，它假设现实是通过各种各样和复杂的社会建设过程而形成的。

**repeat items　　重复资料**

在互联网数据情境中，重复资料是指数据集中的已经发布和收集的数据资料(如博客文章或新闻文章)，由于原始资料在社交媒体上被分享或点赞，在警报或用于数据收集的其他机制中再次出现。

**research decisions　　研究决策**

关于定性研究项目所有阶段的决策过程(例如，数据应该包括什么或不包括什么)，以及研究人员应该将哪些记录下来，作为审核跟踪的一部分。

**research diary　　研究日志**

从研究设计、数据收集和分析到撰写与展示研究的整个研究过程中，研究人员的活动、思想和感受自省性的书面记录。

**research training　　科研培训**

除了提供与研究相关的专业知识外，参加这样的培训还可获得分享研究，或者听取其他人对研究的讨论并将这些经验应用到研究的机会。

**resources　　资源**

面向学术研究数字方法的不同方面材料。

**rogue websites　　流氓网站**

这些网站是出于恶意或犯罪目的而建立的。

**saturation sample　　饱和样本**

数据饱和是一个概念，指在数据收集中所收集和分析的额外数据没有产生新信息。术语"饱和样本"是用来表示在研究项目中收集了足够的数据，以达到饱和点。

**selfie　　自拍**

自己的数码照片，通常用手持智能手机拍摄，经常分享在社交媒体上。

**snapshot　　快照**

作为检查研究问题的焦点和相关性的一部分，研究人员可能会对所收集的材料进行"快照"，然后对其进行审查。快照可以是随机选择固定数量的数据，也可以是一天收集的数据。研究人员可以使用这些数据来记录初始反应，包括数据与研究问题的关联程度。

**snowballing technique　　滚雪球技术**

这一方法用于对被试招募策略进行调整，该技术包括跟踪和追踪方法中识别的数据链接，以确定与特定研究问题相关的更进一步的网络数据。

**social media data stewardship　　社交媒体数据管理**

由加拿大研究组织资助，这是一个将数据管理概念应用到社交媒体数据的研究项目。该项目侧重于研究社交媒体数据的收集、存储、使用、重用、分析、发布和保存背后的实践和态度。

**symbolic interactionism　象征互动主义**

一种关注社会中个体之间关系的方法。这一观点认为,人在塑造社会世界中是积极的,而不仅仅是被动接受。

**Tams Analyzer**

一个开源的、Mac 兼容的编码和分析程序,支持定性研究。

**technological and platform variables　技术和平台变量**

在互联网研究情境下,这些是研究人员需要注意的变量,因为它们与他们对研究设计参数的理解相关。

**textual forms of communication　文本沟通形式**

在互联网情境下,包括博客文章、推文、媒体文章和论坛。另参见讨论线索。

**thematic analysis　专题分析**

一种在商业和管理研究中广泛使用的分析技术。它需要对定性数据采取系统的方法,将通常作为文本的数据转化成主题。主题,或具有文化意义的形式,通常是自上而下(从学术理论或经验工作中预先定义的)和自下而上(研究人员对数据解释的结果)的混合。根据这些主题对数据进行编码和分类。

**threads of comments　评论线索**

参见讨论线索。

**timeframes for data collection　数据收集时间框**

收集数据的时期。在跟踪方法中,是运行专有警报的持续时间;在追踪方法中,是检索互联网材料的时间段。

**tracking　　跟踪**

一种定性的互联网数据收集方法。使用各种数字工具（如使用专有工具）跟踪（或跟随）特定事件和/或感兴趣的人或群体和/或一个概念，因为它们与研究主题相关。这一方法具有前瞻性，因为它从项目一开始就及时跟踪，以捕获在互联网上发布的新材料。

**Transana**

支持视觉定性数据分析的软件，包括转换、分类和编码。专业版还可以处理文本数据。

**trawling　　追踪**

一种定性的互联网数据收集方法。使用特定的关键词搜索（如在搜索引擎中）提供各种来源类型（如网站、博客、Twitter）的潜在相关材料。它通常是回溯性的，因为它涉及在研究项目开始之前，在互联网上搜寻已经发表的或发布的现有材料。

**Tumblr**

一种微博和社交网站，允许用户以短微博方式发布多媒体和其他内容。

**Twitter　　推特**

这是一种微博和社交服务网站，允许用户发布被称为“推文”的消息并与之互动。这些消息被限制在280个字符以内。

**UK Web Archive(UKWA)　　英国网络档案**

六家英国法定存缴图书馆合作，每年收集数百万个网站，为后代进行存档。每年至少自动收集一次英国网站，以捕获尽可能多的网站，这些网站根据不同的标题和主题进行分类。

**visual analysis　可视化分析**

一种将可视图像作为数据分析的方法。包括使用可视化肖像代码、可视化框架分析、可视化符号学方法和可视化内容分析。

**visual digital data　可视化数字数据**

在互联网上发现的不同形式的可视化数据，包括 YouTube 视频、照片、库存相片和漫画。

**Visual forms of communication　可视化沟通形式**

在互联网情境下，包括照片、库存相片、漫画、图片和视频。参考 GIF。

**WayBack Machine**

互联网上的数字档案，供研究人员、历史学家、学者和公众免费访问。

**Yahoo　雅虎**

一家美国网络服务提供商。

**YouTube**

一个允许用户上传和分享视频的网站。

# 参考文献


Achievability (n.d.). Top 10 Software for Analysing Qualitative Data. Retrieved from www.achievability.co.uk/evasys/top-10-software-for-analysing-qualitative-data (accessed 2 July 2019).

Adams, R. J., Smart, P., and Huff, A. S. (2017). Shades of grey: Guidelines for working with the grey literature in systematic reviews for management and organizational studies. *International Journal of Management Reviews*, *19*(4), 432–454.

Alvesson, M., and Deetz, S. (2000). *Doing Critical Management Research*. London: Sage.

Alvesson, M., and Skoldberg, K. (2000). *Reflexive Methodology: New Vistas for Qualitative Research*. London: Sage.

Atefeh, F., and Khreich, W. (2015). A survey of techniques for event detection in Twitter. *Computational Intelligence*, *31*(1), 132-164.

Bachmann, D., and Elfrink, J. (1996). Tracking the progress of e-mail versus snail-mail. *Marketing Research*, *8*(2), 31-35.

Baxter, G., and Marcella, R. (2017). Voters' online information behaviour and response to campaign content during the Scottish referendum on independence. *International Journal of Information Management*, *37*(6), 539–546.

Bell, E., and Leonard, P. (2018). Digital organizational storytelling on YouTube: Constructing plausibility through network protocols of amateurism, affinity, and authenticity. *Journal of Management Inquiry*, *27*(3), 339–351.

Bellemare, A. (2019). The real 'fake news': How to spot misinformation and disinformation online, *CBC News*, 4 July.

Benschop, Y., and Meihuizen, H. E. (2002). Keeping up gendered appearances: representations of gender in financial annual reports. *Accounting Organizations and Society*, *27*(7), 611–636.

Billig, M. (2001). Humour and hatred: The racist jokes of the Ku Klux Klan. *Discourse & Society*, *12*(3), 267–289.

Boje, D., and Smith, R. (2010). Re-storying and visualizing the changing entrepreneurial identities of Bill Gates and Richard Branson. *Culture and Organization*, *16*(4), 307-331.

Boland, T. (2016). Seeking a role: Disciplining jobseekers as actors in the labour market. *Work Employment and Society*, *30*(2), 334-351.

Breitbarth, T., Harris, P., and Insch, A. (2010). Pictures at an exhibition revisited: Reflections on a typology of images used in the construction of corporate social responsibility and sustainability in non-financial corporate reporting. *Journal of Public Affairs*, *10*(4), 238-257.

British Psychological Society (2007). *Report of the Working Party on Conducting Research on the Internet: Guidelines for Ethical Practice in Psychological Research Online*. Leicester: British Psychological Society.

British Psychological Society (2009). *Code of Ethics and Conduct: Guidance Published by the Ethics Committee of the BPS*. Leicester: British Psychological Society.

British Psychological Society (2014). *Code of Human Research Ethics* (Vol. INF180/12.2014). Leicester: British Psychological Society.

British Psychological Society (2017). *Ethics Guidelines for Internet-mediated Research* (Vol. INF206/04.2017). Leicester: British Psychological Society.

Burnap, P., Rana, O. F., Avis, N., Williams, M., Housley, W., Edwards, A., Morgan, J., and Sloan, L. (2015). Detecting tension in online communities with computational Twitter analysis. *Technological Forecasting and Social Change*, *95*, 96-108.

Cassell, C. (2015). *Conducting Research Interviews for Business and Management Students*. London: Sage.

Cassell, C., and Symon, G. (2011). Assessing 'good' qualitative research in the work psychology field: A narrative analysis. *Journal of Occupational and Organizational Psychology*, *84*(4), 633-650.

Chang-Kredl, S., and Colannino, D. (2017). Constructing the image of the teacher on Reddit: Best and worst teachers. *Teaching and Teacher Education*, *64*(C), 43-51.

Chivers, T. (2019). What do we do about the deepfake video? *The Guardian*, 23 June.

Cohen-Almagor, R. (2011). Internet history. *International Journal of Technoethics*, *2*(2), 45-64.

Cordoba-Pachon, J. R., and Loureiro-Koechlin, C. (2015). Online ethnography: A study of software developers and software development. *Baltic Journal of Management*, *10*(2), 188-202.

Coupland, C. (2005). Corporate social responsibility as argument on the web. *Journal of Business Ethics*, *62*(4), 355-366.

Coupland, C., and Brown, A. D. (2004). Constructing organizational identities on the web: A case study of Royal Dutch/Shell. *Journal of Management Studies*, *41*(8), 1325-1347.

Davison, J. (2010). [In]visible [in]tangibles: Visual portraits of the business elite. *Accounting Organizations and Society*, *35*(2), 165-183.

Delmestri, G., Oberg, A., and Drori, G. S. (2015). The unbearable lightness of university branding. *International Studies of Management & Organization, 45*(2), 121-136.

Denzin, N. K., and Lincoln, Y. S. (eds) (1994). *Handbook of Qualitative Research*. Thousand Oaks, CA and London: Sage.

Duberley, J., Johnson, P., and Cassell, C. (2012). Philosophies underpinning qualitative research. In G. Symon and C. Cassell (eds), *Qualitative Organizational Research: Core Methods and Current Challenges* (pp. 15-34). London: Sage.

Duff, A. (2011). Big four accounting firms' annual reviews: A photo analysis of gender and race portrayals. *Critical Perspectives on Accounting, 22*(1), 20-38.

Duffy, B. E., and Hund, E. (2015). 'Having it all' on social media: Entrepreneurial femininity and self-branding among fashion bloggers. *Social Media + Society, 1*(2).

Dutton, W. H. (2013). *The Oxford Handbook of Internet Studies*. Oxford: Oxford University Press.

Easterby-Smith, M., Golden-Biddle, K., and Locke, K. (2008). Working with pluralism: Determining quality in qualitative research. *Organizational Research Methods, 11*(3), 419-429.

Eberle, T. (2014). Phenomenology as a research method. In U. Flick (ed.), *The SAGE Handbook of Qualitative Data Analysis* (pp. 184-202). London: Sage.

Eriksson, P., and Kovalainen, A. (2015). *Qualitative Methods in Business Research: A Practical Guide to Social Research*. London: Sage.

ESRC (2015). *ESRC Framework for Research Ethics*. Updated January 2015. Swindon: Economic & Social Research Council.

Ess, C. (2009). *Digital Media Ethics*. Cambridge: Polity.

Eysenbach, G., and Till, J. E. (2001). Ethical issues in qualitative research on Internet communities. *British Medical Journal, 323*(7321), 1103-1105.

Fahmy, S., Kelly, J., and Kim, Y. S. (2007). What Katrina revealed: A visual analysis of the hurricane coverage by news wires and U.S. newspapers. *Journalism & Mass Communication Quarterly, 84*(3), 546-561.

Fielding, N., Lee, R. M., and Blank, G. (2008). The Internet as a research medium: An editorial introduction to the SAGE Handbook of Online Research Methods. In N. Fielding, R. M. Lee and G. Blank (eds), *The SAGE Handbook of Online Research Methods* (pp. 3-20). Los Angeles and London: Sage.

Francis, J. J., Johnston, M., Robertson, C., Glidewell, L., Entwistle, V., Eccles, M. P., and Grimshaw, J. M. (2010). What is an adequate sample size? Operationalising data saturation for theory-based interview studies. *Psychology & Health, 25*(10), 1229-1245.

Glozer, S., Caruana, R., and Hibbert, S. A. (2019). The never-ending story: Discursive legitimation in social media dialogue. *Organization Studies, 40*(5), 625-650.

Hardy, C., and Maguire, S. (2010). Discourse, field-configuring events, and change in organizations and institutional fields: Narratives of DDT and the Stockholm Convention. *Academy of Management Journal, 53*(6), 1365-1392.

Hardy, C., Phillips, N., and Clegg, S. R. (2001). Reflexivity in organization and management theory: A study of the production of the research 'subject'. *Human Relations*, *54*(5), 531-560.

Highfield, T., and Leaver, T. (2016). Instagrammatics and digital methods: studying visual social media, from selfies and GIFs to memes and emoji. *Communication Research and Practice*, *2*(1), 47-62.

Hinchcliffe, V., and Gavin, H. (2009). Social and virtual networks: Evaluating synchronous online interviewing using Instant Messenger. *The Qualitative Report*, *14*(2), 318-340.

Hine, C. (2005). Internet research and the sociology of cyber-social-scientific knowledge. *The Information Society*, *21*, 239-248.

Hine, C. (2008). Virtual ethnography: Modes, varieties, affordances. In N. Fielding, R. M. Lee and G. Blank (eds), *The SAGE Handbook of Online Research Methods* (pp. 257-270). Los Angeles and London: Sage.

Hine, C. (2012). *The Internet: Understanding Qualitative Research*. New York and Oxford: Oxford University Press.

Hine, C. (ed.) (2013). *Virtual Research Methods*. London: Sage.

Hine, C. (2014). Headlice eradication as everyday engagement with science: An analysis of online parenting discussions. *Public Understanding of Science*, *23*(5), 574-591.

Höllerer, M. A. (2013). From taken-for-granted to explicit commitment: The rise of CSR in a corporatist country. *Journal of Management Studies*, *50*(4), 573-606.

Janghorban, R., Roudsari, R. L., and Taghipour, A. (2014). Skype interviewing: The new generation of online synchronous interview in qualitative research. *International Journal of Qualitative Studies on Health and Well-Being*, 9, https://doi.org/10.3402/qhw.v9.24152.

Karpf, D. (2012). Social science research methods in Internet time. *Information Communication & Society*, *15*(5), 639-661.

Kassinis, G., and Panayiotou, A. (2017). Website stories in times of distress. *Management Learning*, *48*(4), 397-415.

Kelly, J., Fealy, G. M., and Watson, R. (2012). The image of you: Constructing nursing identities in YouTube. *Journal of Advanced Nursing*, *68*(8), 1804-1813.

Kiesler, S. (2014). *Culture of the Internet*. New York: Psychology Press.

Kozinets, R. V. (2010). *Netnography: Doing Ethnographic Research Online*. London: Sage.

Kozinets, R. V. (2019). *Netnography: The Essential Guide to Qualitative Social Media Research* (3rd edn). London: Sage.

Kozinets, R. V., Dolbec, P., and Earley, A. (2014). Netnographic Analysis: Understanding Culture through Social Media Data. In U. Flick (ed.), *SAGE Handbook of Qualitative Data Analysis* (pp. 262-275). London: Sage.

Kress, G., and van Leeuwen, T. (1996). *Reading Images: The Grammar of Visual Design*. London: Routledge.

Lazer, D. M. J., Baum, M. A., Benkler, Y., Berinsky, A. J., Greenhill, K. M., Menczer, F., Metzger, M. J., Nyhan, B., Pennycook, G., Rothschild, D., Schudson, M., Sloman, S. A., Sunstein, C. R., Thorson, E. A., Watts, D. J., and Zittrain, J. L. (2018). The science of fake news. *Science, 359*(6380), 1094-1096.

Lee, B. (2012). Using documents in organizational research. In G. Symon and C. Cassell (eds), *Qualitative Organizational Research: Core Methods and Current Challenges* (pp. 389-407). London: Sage.

Lemke, J. L. (1999). Discourse and organizational dynamics: Website communication and institutional change. *Discourse & Society, 10*(1), 21-47.

Lillqvist, E., Moisander, J. K., and Firat, A. F. (2018). Consumers as legitimating agents: How consumer-citizens challenge marketer legitimacy on social media. *International Journal of Consumer Studies, 42*(2), 197-204.

Markham, A. (2010). Internet research. In D. Silverman (ed.), *Qualitative Research: Issues of Theory, Method and Practice* (3rd edn). London: Sage.

Markham, A., and Buchanan, E. (2012). *Ethical Decision-Making and Internet Research: Recommendations from the AoIR Ethics Working Committee* (Version 2.0). Association of Internet Researchers. Retrieved from: https://aoir.org/reports/ethics2.pdf (accessed 6 July 2020).

Mason, J. (2002). *Qualitative Researching* (2nd edn). London: Sage.

Mescher, S., Benschop, Y., and Doorewaard, H. (2010). Representations of work-life balance support. *Human Relations, 63*(1), 21-39.

Meyer, R. E., Hollerer, M. A., Jancsary, D., and Van Leeuwen, T. (2013). The visual dimension in organizing, organization, and organization research: Core ideas, current developments, and promising avenues. *Academy of Management Annals*, 7(1), 489-555.

Milner, R. M. (2016). *The World Made Meme: Public Conversations and Participatory Media*. Cambridge, MA: MIT Press.

Miltner, K. M., and Highfield, T. (2017). Never gonna GIF you up: Analyzing the cultural significance of the animated GIF. *Social Media + Society, 3*(3), https://doi.org/10.1177/2056305117725223.

Mollett, A., Moran, D., and Dunleavy, P. (2011). *Using Twitter in University Research, Teaching and Impact Activities*. Impact of social sciences: Maximizing the impact of academic research. LSE Public Policy Group. London: London School of Economics and Political Science.

Monson, O., Donaghue, N., and Gill, R. (2016). Working hard on the outside: A multimodal critical discourse analysis of The Biggest Loser Australia. *Social Semiotics, 26*(5), 524-540.

Moor, L., and Kanji, S. (2019). Money and relationships online: Communication and norm formation in women's discussions of couple resource allocation. *The British Journal of Sociology*, 70(3), 948-968.

Morton, A. (1977). *A Guide Through the Theory of Knowledge*. Oxford: Blackwell.

Murthy, D. (2008). Digital ethnography: An examination of the use of new technologies for social research. *Sociology – the Journal of the British Sociological Association, 42*(5), 837-855.

Oates, C. J., and Alevizou, P. J. (2017). *Conducting Focus Groups for Business and Management Students*. London: Sage.

Oddo, J. (2013). Precontextualization and the rhetoric of futurity: Foretelling Colin Powell's UN address on NBC News. *Discourse & Communication*, *7*(1), 25–53.

O'Reilly, M., and Parker, N. (2013). 'Unsatisfactory saturation': A critical exploration of the notion of saturated sample sizes in qualitative research. *Qualitative Research*, *13*(2), 190–197.

Orlikowski, W. J., and Scott, S. V. (2014). What happens when evaluation goes online? Exploring apparatuses of valuation in the travel sector. *Organization Science*, *25*(3), 868–891.

Ozdora-Aksak, E., and Atakan-Duman, S. (2015). The online presence of Turkish banks: Communicating the softer side of corporate identity. *Public Relations Review*, *41*(1), 119–128.

Pablo, Z., and Hardy, C. (2009). Merging, masquerading and morphing: Metaphors and the World Wide Web. *Organization Studies*, *30*(8), 821–843.

Palfrey, J. (2010). Four phases of Internet regulation. *Social Research*, 77(3), 981–996.

Pearce, W., Özkula, S. M., Greene, A. K., Teeling, L., Bansard, J. S., Omena, J. J., and Rabello, E. T. (2018). Visual cross-platform analysis: Digital methods to research social media images. *Information, Communication & Society*, 1–20.

Perren, L., and Jennings, P. L. (2005). Government discourses on entrepreneurship: Issues of legitimization, subjugation, and power. *Entrepreneurship Theory and Practice*, *29*(2), 173–184.

Phillips, N., and Hardy, C. (2002). *Discourse Analysis: Investigating Processes of Social Construction*. London: Sage.

Pittenger, D. J. (2003). Internet research: An opportunity to revisit classic ethical problems in behavioral research. *Ethics & Behavior*, *13*(1), 45–60.

Pritchard, K. (2020). Examining web images: A Combined Visual Analysis (CVA) approach. *European Management Review*, *17*(1), 297–310.

Pritchard, K., and Whiting, R. (2012a). Autopilot? A reflexive review of the piloting process in qualitative e-research. *Qualitative Research in Organizations and Management*, *7*(3), 338–353.

Pritchard, K., and Whiting, R. (2012b). *Tracking and trawling: Theorising 'participants' and 'data' in qualitative e-research*. Paper presented at the British Academy of Management Annual Conference, Cardiff.

Pritchard, K., and Whiting, R. (2014). Baby Boomers and the lost generation: On the discursive construction of generations at work. *Organization Studies*, *35*(11), 1605–1626.

Pritchard, K., and Whiting, R. (2015). Taking stock: A visual analysis of gendered ageing. *Gender, Work & Organization*, *22*(5), 510–528.

Pritchard, K., and Whiting, R. (2017). Analysing web images. In C. Cassell, A. L. Cunliffe and G. Grandy (eds), *The SAGE Handbook of Qualitative Business and Management Research Methods* (Vol. *2*, pp. 282–297). London: Sage.

Rhodes, C. (2009). After reflexivity: Ethics, freedom and the writing of organization studies. *Organization Studies, 30*(6), 653–672.

Richards, L. (2009). *Handling Qualitative Data: A Practical Guide* (2nd edn). London: Sage.

Rindova, V. P., and Kotha, S. (2001). Continuous 'morphing': Competing through dynamic capabilities, form, and function. *Academy of Management Journal, 44*(6), 1263–1280.

Rokka, J., and Canniford, R. (2016). Heterotopian selfies: How social media destabilizes brand assemblages. *European Journal of Marketing, 50*(9/10), 1789–1813.

Rose, G. (2012). *Visual Methodologies: An Introduction to Researching with Visual Materials* (3rd edn). London: Sage.

Rothaermel, F. T., and Sugiyama, S. (2001). Virtual Internet communities and commercial success: Individual and community-level theory grounded in the atypical case of TimeZone.com. *Journal of Management, 27*(3), 297–312.

Saunders, B., Sim, J., Kingstone, T., Baker, S., Waterfield, J., Bartlam, B., Burroughs, H., and Jinks, C. (2018). Saturation in qualitative research: Exploring its conceptualization and operationalization. *Quality & Quantity, 52*(4), 1893–1907.

Saunders, M. N. K., and Townsend, K. (2018). Choosing participants. In C. Cassell, A. Cunliffe and G. Grandy (eds), *The SAGE Handbook of Qualitative Business and Management Research Methods* (pp. 480–494). London: Sage.

Schultze, U., and Mason, R. O. (2012). Studying cyborgs: Re-examining Internet studies as human subjects research. *Journal of Information Technology, 27*(4), 301–312.

Shifman, L. (2012). An anatomy of a YouTube meme. *New Media & Society, 14*(2), 187–203.

Sillince, J. A. A., and Brown, A. D. (2009). Multiple organizational identities and legitimacy: The rhetoric of police websites. *Human Relations, 62*(12), 1829–1856.

Simsek, Z., and Veiga, J. F. (2001). A primer on Internet organizational surveys. *Organizational Research Methods, 4*(3), 218–235.

Singh, V., and Point, S. (2006). (Re)presentations of gender and ethnicity in diversity statements on European company websites. *Journal of Business Ethics, 68*(4), 363–379.

Snelson, C. L. (2016). Qualitative and mixed methods social media research: A review of the literature. *International Journal of Qualitative Methods, 15*(1), https://doi.org/10.1177/1609406915624574.

Sproull, L., Dutton, W., and Kiesler, S. (2007). Introduction to the special issue: Online communities. *Organization Studies, 28*(3), 277–281.

Stablein, R. (2006). Data in organization studies. In S. Clegg, C. Hardy, W. Nord and T. B. Lawrence (eds), *The SAGE Handbook of Organization Studies* (pp. 347–369). London: Sage.

Stewart, D. R. C., and Littau, J. (2016). Up, Periscope: Mobile streaming video technologies, privacy in public, and the right to record. *Journalism & Mass Communication Quarterly, 93*(2), 312–331.

Stoycheff, E., Liu, J., Wibowo, K. A., and Nanni, D. P. (2017). What have we learned about social media by studying Facebook? A decade in review. *New Media & Society, 19*(6), 968-980.

Sundstrom, B., and Levenshus, A. B. (2017). The art of engagement: Dialogic strategies on Twitter. *Journal of Communication Management, 21*(1), 17-33.

Swan, E. (2017). Postfeminist stylistics, work femininities and coaching: A multimodal study of a website. *Gender Work and Organization, 24*(3), 274-296.

Symon, G., and Cassell, C. (2016). Qualitative I-O psychology: A view from Europe. *Industrial and Organizational Psychology-Perspectives on Science and Practice, 9*(4), 744-747.

Symon, G., Cassell, C., and Johnson, P. (2018). Evaluative practices in qualitative management research: A critical review. *International Journal of Management Reviews, 20*(1), 134-154.

Thompson, L. F., Surface, E. A., Martin, D. L., and Sanders, M. G. (2003). From paper to pixels: Moving personnel surveys to the web. *Personnel Psychology, 56*(1), 197-227.

Thurlow, A. (2018). *Social Media, Organizational Identity and Public Relations: The Challenge of Authenticity*. Abingdon: Routledge.

Townsend, L., and Wallace, C. (2016). *Social Media Research: A Guide to Ethics*. Aberdeen: University of Aberdeen. Retrieved from: www.gla.ac.uk/media/media_487729_en.pdf (accessed 22 June 2020).

Travers, M. (2009). New methods, old problems: A sceptical view of innovation in qualitative research. *Qualitative Research, 9*(2), 161-179.

van Bommel, K., and Spicer, A. (2011). Hail the snail: Hegemonic struggles in the Slow Food movement. *Organization Studies, 32*(12), 1717-1744.

Wasim, A. (2019). *Using Twitter as a data source: An overview of social media research tools*. Retrieved from: https://blogs.lse.ac.uk/impactofsocialsciences/2019/06/18/using-twitter-as-a-data-source-an-overview-of-social-media-research-tools-2019/ (accessed 22 June 2020).

Waters, R. D., Burnett, E., Lamm, A., and Lucas, J. (2009). Engaging stakeholders through social networking: How nonprofit organizations are using Facebook. *Public Relations Review, 35*(2), 102-106.

Wernet, A. (2014). Hermeneutics and objective hermeneutics. In U. Flick (ed.), *The SAGE Handbook of Qualitative Data Analysis* (pp. 234-246). London: Sage.

Whiting, R., and Pritchard, K. (2017). Digital ethics. In C. Cassell, A. L. Cunliffe and G. Grandy (eds), *The SAGE Handbook of Qualitative Business and Management Research Methods* (Vol. 1, pp. 562-579). London: Sage.

Whiting, R., and Pritchard, K. (2020). Reconstructing retirement as an enterprising endeavor. *Journal of Management Inquiry, 29*(4), 404-417.

Whiting, R., and Pritchard, K. (2019). *Weary women? The responsibility for gendered representations of retirement*. Paper presented at the European Group for Organizational Studies conference, Edinburgh, July.

Yanow, D., and Tsoukas, H. (2009). What is reflection-in-action? A phenomenological account. *Journal of Management Studies*, *46*(8), 1339-1364.

Yun, G. W., and Trumbo, C. W. (2000). Comparative response to a survey executed by post, e-mail, & web form. *Journal of Computer-Mediated Communication*, 6(1), https://doi.org/10.1111/j.1083-6101.2000.tb00112.x.

# 译后记

历时两年,终于完成这一书稿的翻译工作,在如释重负的同时,我也感慨良多。因为在翻译过程中,我正好经历了 ChatGPT 从横空出世到全网热议的全过程,其间一个非常热点的问题是:ChatGPT 会在哪些领域替代人工,翻译会不会就是其中一个?

虽然在与我的合作伙伴进行讨论的过程中,有时不免产生同样的质疑;但是在后期工作中,我们又有了新的观点:“人工智能应该是辅助与帮助,让我们的工作更加完善,而非替代!”

正如书名——“定性数据的数字收集方法”——所揭示的,本书介绍了大量采用图片、视频、音频进行定性数据研究的案例,这类数据可以用越来越丰富的分析软件进行分析并应用于模型研究问题的研究之中。其内容的丰富性、数据的多样性以及获取的方便性,都是研究人员所向往和期待的。但是,所有工作背后的支持力量依旧是对“研究问题”“研究主题”“研究想法”进行深入、科学、持续不断的思考和挖掘的科学精神,这是人工智能所不能替代的。

所以,在本书的翻译中,我和我的合作者对书中涉及的语言问题、习惯问题和语境问题进行了持续不断的探索与确认,以保证读者阅读本书时可以在理解原书内容的同时精准掌握本书所介绍的知识点。

本书非常适用于硕士研究生的研究项目，这是很难能可贵的。因为现有介绍定性数据数字研究方法的工具书籍多是面向本科生或博士生的，即，或是科普类的介绍，或是非常深奥的学术介绍。这使得对研究方法掌握略显不足的硕士研究生望而生畏。本书所介绍的案例均是硕士研究项目，可以为打算通过收集互联网中定性数据进行研究的学生带来有效帮助。

本书译者分别是：侯旻，浙江工商大学工商管理学院（MBA 学院）市场营销系副教授；张雪，大连工业大学外国语学院教师。

感谢格致出版社给予这样的机会翻译这本书，我们从中获益良多，感谢程倩和李月在译作出版过程中缜密、高效的帮助与支持，这是一次非常愉快的合作经历。

译　者

2023 年 6 月 25 日

**Collecting Qualitative Data Using Digital Methods**
English language edition published by SAGE Publications, Ltd.


上海市版权局著作权合同登记号　图字:09-2023-0201 号

**图书在版编目(CIP)数据**

定性数据的数字收集方法/(英)丽贝卡·怀廷,(英)卡特里娜·普里查德著;侯旻,张雪译.—上海:格致出版社:上海人民出版社,2023.8
(格致方法·商科研究方法译丛)
ISBN 978-7-5432-3480-2

Ⅰ.①定… Ⅱ.①丽… ②卡… ③侯… ④张… Ⅲ.①数据处理-研究 Ⅳ.①TP274

中国国家版本馆 CIP 数据核字(2023)第 103491 号

**责任编辑** 李 月
**装帧设计** 路 静

格致方法·商科研究方法译丛
**定性数据的数字收集方法**
[英]丽贝卡·怀廷 卡特里娜·普里查德 著
侯旻 张雪 译

**出　版** 格致出版社
上海人民出版社
(201101 上海市闵行区号景路 159 弄 C 座)
**发　行** 上海人民出版社发行中心
**印　刷** 上海盛通时代印刷有限公司
**开　本** 635×965 1/16
**印　张** 9.75
**插　页** 2
**字　数** 104,000
**版　次** 2023 年 8 月第 1 版
**印　次** 2023 年 8 月第 1 次印刷
ISBN 978-7-5432-3480-2/C·297
**定　价** 45.00 元